数学書房選書 5

コンピュータ幾何

阿原一志 著

桂 利行・栗原将人・堤 誉志雄・深谷賢治 編集

数学書房

編集

桂 利行
法政大学

栗原将人
慶応義塾大学

堤 誉志雄
京都大学

深谷賢治
ストーニー・ブルック大学

選書刊行にあたって

　数学は体系的な学問である．基礎から最先端まで論理的に順を追って組み立てられていて，順序正しくゆっくり学んでいけば，自然に理解できるようになっている反面，途中をとばしていきなり先を学ぼうとしても，多くの場合，どこかで分からなくなって進めなくなる．バラバラの知識・話題の寄せ集めでは，数学を学ぶことは決してできない．数学の本，特に教科書のたぐいは，この数学の体系的な性格を反映していて，がっちりと一歩一歩進むよう書かれている．

　一方，現在研究されている数学，あるいは，過去においても，それぞれそのときに研究されていた数学は，一本道でできあがってきたわけではない．大学の数学科の図書室に行くと，膨大な数の数学の本がおいてあるが，書いてあることはどれも異なっている．その膨大な数学の内容の中から，100年後の教科書に載るようになることはほんの一部である．教科書に載るような，次のステップのための必須の事柄ではないけれど，十分面白く，意味深い数学の話題はいっぱいあって，それぞれが魅力的な世界を作っている．

　数学を勉強するには，必要最低限のことを能率よく勉強するだけでなく，時には，個性に富んだトピックにもふれて，数学の多様性を感じるのも大切なのではないだろうか．

　このシリーズでは，それぞれが独立して読めるまとまった話題で，高校生の知識でも十分理解できるものについての解説が収められている．書いてあるのは数学だから，自分で考えないで，気楽に読めるというわけではないが，これが分からなければ先には一歩も進めない，というようなものでもない．

　読者が一緒に楽しんでいただければ，編集委員である私たちも大変うれしい．

2008年9月

編者

はじめに

　本書はコンピュータ幾何をテーマとしています．コンピュータ幾何というと，計算幾何学が思い起こされますが，それとはやや違います．計算幾何学とは (主に画像処理や数式処理のために)「幾何学の言葉で述べることのできるアルゴリズムの研究をテーマとする計算機科学の一分野」のことを言います (wikipedia より)．この本で取り扱うのは，「数学の分野としての幾何学の中に計算機を持ち込むことで，幾何学特有の数学世界をコンピュータに実装するための数学の一分野」であると定義し，これをコンピュータ幾何学とよぶことにします．

　本書では次の 2 点について，幾何学世界と計算機アルゴリズムの間 (はざま) を行き来しつつ，できるだけ数学の立場からその内容を解明していくことを目標としています．

第 1 章「対話型幾何ソフトウエアの設計 ― 『キッズシンディ』」
　対話式幾何学ソフトウエアはコンピュータの画面上で作図を行うソフトウエアのことをさし，有償・無償のものを含めて数多く発表されています．ある程度の平面幾何学の定理であれば，計算機が判定することもできるようになっています．この章では，対話式幾何学ソフトウエアに必要な数学的背景や，実際に著者が開発したソフトウエア「KidsCindy(キッズシンディ)」に使われているアルゴリズムを数学的に解説したいと思います．

第 2 章「デジタルカーブショートニング ―『てるあき』」
　「てるあき」は曲面上の曲線についてのパズルゲームです．そこには，曲線のホモトピーやデーンティストなどといった，位相幾何学 (トポロジー) 特有の概念が現れます．ソフトウエア「てるあき」に現れる位相幾何学と，それをコンピュータ上でどのように扱っているか，またそこにどのような新しい数学が現れている

かを解説したいと思います．

　本書は，理系の学部 1・2 年生の知識があれば理解できるように丁寧に説明しています．ただし，計算機科学の教科書とは違い，計算機に実装するための具体的なアルゴリズムを説明したり，計算量に関する効率化を説明したりすることはほとんどしていません．ですから，この教科書を読んで，実際にプログラムを製作するためには，計算機科学の知識やテクニックが別途必要であることを最初にお断りしておきます．

　なお本書の執筆にあたり，グレブナー基底や自動定理証明に詳しい立教大学の横山和弘先生と，対話式幾何ソフトの現状に詳しい濱田龍義先生に査読していただき，筆者の初期原稿の誤りを直していただき，また多くの認識不足な点を補っていただきました．ここに深謝いたします．

2014 年 7 月

著者

目 次

選書刊行にあたって i
はじめに iii

第 1 章 対話式幾何ソフトウエアの設計 1
1.1 対話式幾何ソフトウエア 1
1.1.1 GeoGebra 3
1.1.2 シンデレラ 3
1.1.3 KidsCindy 4
1.1.4 DyGeom 4
1.2 射影幾何学と静的問題 4
1.2.1 静的問題 5
1.2.2 計算範囲・計算誤差の問題 7
1.2.3 実射影平面 8
1.2.4 実射影平面における直線の式 14
1.2.5 実射影平面における円 15
1.2.6 作図公式 16
1.2.7 中点 17
1.2.8 零拡張可能性 20
1.2.9 2 直線の交点 21
1.2.10 2 点を通る直線 22
1.2.11 中心と円上の 1 点を指定した円 25
1.2.12 直線と円の交点 26
1.2.13 垂線・平行線 27
1.2.14 実射影平面における角度，角の二等分線 30
1.2.15 2 円の交点 33
1.2.16 複素射影平面 33
1.2.17 複素射影平面における作図公式 34

- 1.3 作図決定論と動的問題 35
  - 1.3.1 動的問題とは何か 35
  - 1.3.2 円と直線の交点の大域的決定 36
  - 1.3.3 円と円の交点の大域的決定 47
  - 1.3.4 円に向きを設定して大域的に定める方法はあるか? 49
  - 1.3.5 特別な状況を小さく避ける方法 49
  - 1.3.6 角の 2 等分線の問題 51
  - 1.3.7 動的問題:内心と傍心 52
- 1.4 自動定理証明機能 55
  - 1.4.1 実際の動き 55
  - 1.4.2 数式処理的なアプローチ 56
  - 1.4.3 Wu の方法 60
  - 1.4.4 微動による擬似証明 69
  - 1.4.5 整式の次数から評価する方法 73
  - 1.4.6 正 17 角形の作図における定理証明 74

第 2 章 デジタルカーブショートニング 83

- 2.1 写像類群ソフトウエア『てるあき』 83
- 2.2 曲面上の曲線のホモトピー 84
  - 2.2.1 写像と連続 85
  - 2.2.2 M 上の道 86
  - 2.2.3 道のホモトピー 88
  - 2.2.4 道の積とホモトピー 92
  - 2.2.5 普遍被覆空間 97
- 2.3 多面体分割,普遍被覆空間 100
  - 2.3.1 多面体分割 100
  - 2.3.2 多面体分割の普遍被覆 103
- 2.4 デジタルカーブ,書きかえ系 106
  - 2.4.1 デジタルカーブ 106
  - 2.4.2 デジタルカーブの表す曲線 108
  - 2.4.3 デジタルカーブと普遍被覆 111
  - 2.4.4 書きかえ系 114
  - 2.4.5 完備性 117

- 2.4.6 ホモトピー性 (homotopy property) 118
- 2.4.7 短少性 (shortening property) 119
- 2.5 トーラス上の正方格子によるデジタルカーブショートニング問題 120
  - 2.5.1 トーラスの多面体分割 120
  - 2.5.2 0 フック 121
  - 2.5.3 トーラスの多面体分割の普遍被覆 122
  - 2.5.4 トーラスの多面体分割のデジタルカーブショートニング 123
  - 2.5.5 1 スライド 125
  - 2.5.6 完備な書きかえ系の存在 128
- 2.6 双曲的四路多面体分割上の RS 131
  - 2.6.1 双曲的四路の定義 131
  - 2.6.2 主定理のための必要条件 133
  - 2.6.3 命題 2.48 の証明 136
  - 2.6.4 核 C が面を含まない場合 139
  - 2.6.5 核が面を含む場合 142
  - 2.6.6 命題 2.49 の証明 146
  - 2.6.7 未解決問題 148
- 2.7 三路 (trivalent) の場合 149
  - 2.7.1 非楕円的三路の定義 149
  - 2.7.2 短少性 151
  - 2.7.3 ホモトピー性——核が 1 次元のとき 160
  - 2.7.4 ホモトピー性——核が 2 次元のとき 164
  - 2.7.5 演習・未解決問題 170

補遺   171
- A.1 同値関係，商集合 171
- A.2 写像，全射，単射 173
- A.3 連続写像，同相写像 174

あとがき   176

参考文献   177

索引   178

第 1 章
対話式幾何ソフトウエアの設計

1.1 対話式幾何ソフトウエア

 2003 年に，筆者はソフトウエア「シンデレラ」日本語版の翻訳手伝いをし，この優れたソフトウエアについての紹介記事を数学セミナーに掲載した [14]．また，自著「ハイプレイン」[15] でもシンデレラを利用した作図を紹介した．このような経緯から，最初に知った対話式幾何ソフトウエアはシンデレラであった．その当時から Cabri, GeoGebra, KSEG など有償無償の様々な対話式幾何ソフトウエアがあることは知っていたが，シンデレラを通して，より身近な形で対話式幾何ソフトウエアを社会に紹介できたものと考えている．

 ここで，まず対話式幾何ソフトウエアといったりインタラクティブ幾何ソフトウエアといったりするものが何者であるかを定義しておこう．英語でもいくつかの呼び方があるようだが，「対話式 (インタラクティブ) = Interactive」「幾何学 = Geometric」「ソフトウエア = Software」の頭文字から IGS とよばれるのが一般的であると思う．(動的 = Dynamic，という言葉も用いられる．) もっとも，ソフトウエアは個別の存在意義あってのもので，それらを IGS とひとくくりにすることは敬遠されるかもしれない．基本的には次のことができるソフトウエアのことを考えている．

 (1) ユークリッド平面幾何の作図が可能である．
 (2) マウス操作のみによって，点や直線などの作図を行える．
 (3) 作図手順が記録されており，作図手順はそのままに点の場所を変更することができる．

 ほかにも，「関数のグラフや接線を描くことができる」「立体図形を描くことができる」「双曲幾何学・楕円幾何学の作図を行うことができる」「動点を設定して軌跡を描く (アニメーション描画する) ことができる」「物理現象をシミュレーショ

ンすることができる」などのさまざまな機能があり、それぞれのソフトウエアごとに特徴あるものとなっている。しかし、イラストを描くためのドローイングソフトとは一線を画していることは注意しておきたい。どこがもっとも異なるかといえば、3番目の「作図手順が記録される」という部分であると考えられる。

このことを次のような中点の例で考えてみよう。画面上の2点 A, B が与えられており、その中点 C を得たいとしよう。ドローイングソフトでそのような機能が必要かどうかはさておいて、「現状の絵において線分 AB の中点 C の位置 (座標) を求めてその点を描画する」ということはいわゆるドローイングソフトの範疇の話である。一方で、IGS ということになるとプログラムは「C は AB の中点である」ということを記憶しておくのである。そして描画評価キュー (作図手順に従って個々の要素の座標を計算する要請命令) が出たらそのつど AB の中点を計算し、C を描画するのである。つまり、点 C は線分 AB からみて従属的に定義されており、定まった座標を持っていないのである。

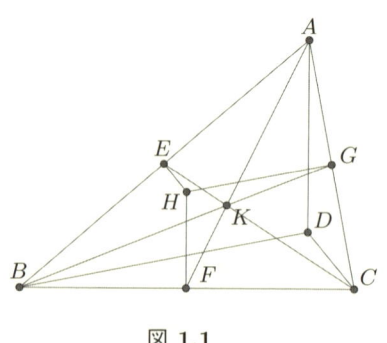

図 1.1

IGS に共通する長所を考えてみよう。図 1.1 は「三角形の重心・垂心・外心が同一直線上にある」というオイラーの定理を示した図である。この図を手描きで、または定規とコンパスを用いて正確に描くという作業は意外と大変である。(著者は高等学校の授業でクラス全員にこの図を作図させてみた経験があるが、3つの心が一直線上になるように正確に作図できた生徒は少数であった。読者にも一度試していただきたい。) コンピュータの画面上で作図ツールなしに描くのはさらに困難である。IGS を用いれば初等幾何にあらわれるような作図を正確に描画でき、実際それだけでも IGS は有効であるといえる。

正確な作図ができることに加えて2つめの長所を述べよう。一度作図しておけ

ば，作図の手順ごと記録されているので，あとから全体の形を整形することができる．たとえばオイラーの定理の図において，この 3 つの心が見栄えよく並んで見えるためには，作図を行った後にもとの三角形を調整することが必要である．

IGS は中学・高等学校における数学教育への応用が高く期待されているが，共線 (3 点が一直線上にある)・共点 (3 直線が 1 点で交わる) などの幾何的性質を目の当たりにすることができるという利点も忘れてはならない．上のオイラーの定理においても，「三角形の重心・垂心・外心が同一直線上にある」と言葉で聞くことと，図を見て共線を確認することとは大きな差がある．まさに「百聞は一見にしかず」である．

1.1.1 GeoGebra

GeoGebra は教育目的に開発されている対話式幾何ソフトウエアである．無償で配布されており，対話式幾何学ソフトであることに加えて，最近では 3D モード・数式処理 (CAS) モードも実装されている．このソフトウエアの特徴は幾何と他分野を結びつける機能が非常に豊富なことである．海外には GeoGebra ユーザーの巨大なコミュニティーや教材ライブラリが存在するが，本書執筆時点で日本にはまだそのようなものはない．

1.1.2 シンデレラ

シンデレラはコルテンカンプとリヒター＝ゲバートが中心になって作った対話式幾何ソフトウエアである．もともとはドイツ語・英語で作られたが，言語に関する部分がパッケージ化されており非常に多くの言語に対応しているソフトウエアである．このソフトウエアの特徴は複素射影幾何学に基づいて製作されたということと，自動定理証明機能が搭載されていること，教育的な側面としては，ウェブ上で練習問題を作成できることが挙げられる．最初から双曲幾何・楕円幾何のモードが搭載されているのも特徴であったが，その点については適切に評価されていないのが残念である．

現在では，バージョン 2 が発売されており，物理シミュレーション (重力・衝突・バネ) が追加された．また CindyScript という簡易プログラム言語も搭載されて，平面上の変換 (回転・対象・相似) を繰り返すことによりフラクタル図形を描画することもできるようになった．

1.1.3　KidsCindy

　筆者が実際に使い込んでみたのは GeoGebra とシンデレラくらいだが，これらのソフトウエアを使っているうちに自分用のものが一つ欲しくなり作ってみたのが KidsCindy(キッズシンディ) というソフトウエアである [16]．これはオープンソースのフリーウエアで，無償でダウンロードできるだけでなく，ソースコードを公開し，ユーザが自分で拡張機能を作ることを許容している．そのために wxwidgets というオープンソースのプラットフォームで開発した．KidsCindy はその後 KNOPPIX/MATH(現 MathLibre) にも収録してもらうなど，一定の成果はあったと考えている．

　このソフトウエアの特徴は，ユーザーインターフェースが 3 種類 (シンデレラ風，KSEG 風，タッチパネル用) から選べること，アピアランス (星・ネコなどのテーマを持った画面構成) を選べること，要素を動かすときに残像を見ることができること，パワーポイント風のスライド作成機能があること，である．どれも自分らしい機能だと思うが，「作図ソフト」本来の機能ではなくお遊び的な要素が多いだけだともいえる．

1.1.4　DyGeom

　これも筆者の作であるが，東邦大学の高遠先生のグループが作成している KET-pic[1] 上で幾何学の作図ツールが作れないかとの発想から，2010 年に β 版を製作した．KET-pic とは，MATHEMATICA などの CAS(代数計算ソフトウエア) 上で作成したグラフィックスを TeX の picture 環境へ翻訳する非常に優れたパッケージで，特に 3 次元描画において，立体グラフの輪郭線を描画したり，直感的理解を助ける「絵」を提供してくれる．このパッケージを利用して，いわゆる対話式幾何ソフトウエアのコマンド群を MATHEMATICA 上で使えるようにし，それを KET-pic で TeX ファイルに出力できることを目的とした．この本を執筆しながら並行して製作したものである．並行して座標の多項式計算による解析もできるようにしたが，この部分についてはまだ完成していない．

1.2　射影幾何学と静的問題

　この節では，射影幾何学，特に実射影平面を用いた作図公式を紹介し，作図ソフトウエアにおける静的問題への解決について論ずる．

1.2.1 静的問題

幾何学作図ソフトウエアの基本構造は「作図手順を取り扱うことができる」ということであった．つまり点や直線などの座標や係数のデータはそれぞれ独立に取り扱われるのではなく，「作図手順」という因果関係のもとに取り扱われるのである．

つまり，ソフトウエアは作図 (いわゆる画面上に現れている図) を 2 つの部分に分けて取り扱っていることになる．1 つは**作図手順**であり，もう 1 つは**作図評価**である．作図手順とは「2 点を通る直線を作図する」「2 直線の交点を求める」などのいわゆる手順の集積である．たとえば

「2 直線 a,b と 1 点 A が与えられたとする．2 直線 a,b の交点を B をし，2 点 A,B の中点を C とする．」

というのは作図手順の典型的な例である (図 1.2)．ここで，点 B は平行でない直線 a,b が定まれば 1 つに定まる．点 C は点 A,B が定まれば 1 つに定まる．このような因果関係が定義されているのが作図手順である (図 1.3)．

一方で作図評価とは，具体的に点や直線などの要素が式や数値で与えられたときに，作図全体の座標や式を計算する作業である．上の例で言えば，2 直線 a,b と 1 点 A が

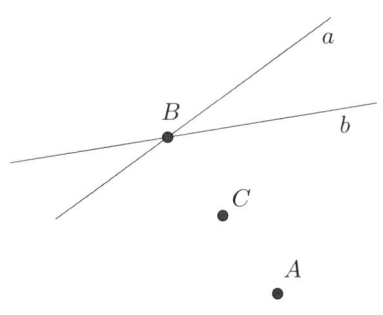

図 **1.2** 作図例

$$B = 直線 a と直線 b との交点$$
$$C = 点 A と点 B との中点$$

図 **1.3** 作図手順

$$a : 3x + 2y - 5 = 0,$$
$$b : 4x - 2y - 2 = 0,$$
$$A(-1, -1)$$

と与えられたとすると，**作図手順による因果関係**により，$B(1,1), C(0,0)$ と計算することができる．これが作図評価ということである (図 1.4)．

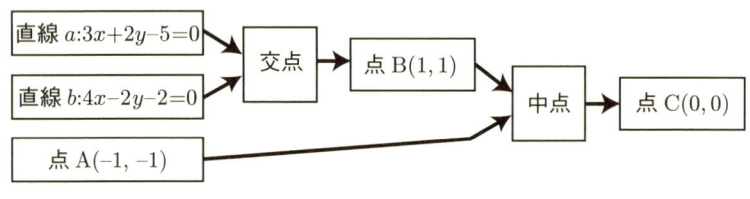

図 1.4　作図評価

プログラムに実装する観点から考えると，作図手順は構造体であり，作図評価は関数ということになる．

こうして考えると，作図に不都合が現れた場合の扱いが問題になる．このことを総称して作図の静的問題という．たとえば「2 直線 a, b と 1 点 A が与えられたとする．2 直線 a, b の交点を B をし，2 点 A, B の中点を C とする．」という上の例で考えてみると，a, b が平面上で交わっていれば問題はないが，平行であったとすると点 B は無限遠点になってしまう．このとき C の作図はどうなるかを考える必要がある (図 1.5)．

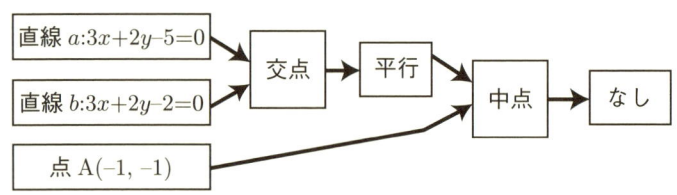

図 1.5　a, b が平行な場合の評価

むろん，作図の途中で図が破綻したり，要素が定義できなくなったものは描画せずに，座標や式が決定できるものだけを取り扱う (画面描画する) ことになるのだが，静的問題というときには作図手順の入力側にも不都合が現れている場合 (たとえば「既存の点 A と存在しない点 B との中点 C を求めよ」という作図評価の問題) も含めて考えていることを注意しておく．

1.2.2　計算範囲・計算誤差の問題

　本書は計算幾何学的な発想を盛り込みながら数学を解説するというコンセプトのもとに書かれている．したがって数学的には本質ではないが計算幾何学的には本質であるという観点もいくつかある．そういう問題のひとつが計算範囲・計算誤差の問題である．あまり深入りしない方針ではあるが，まったく触れないというわけにもいかないので簡単にまとめておく．

　計算機で扱える実数は有効数字の限られた上限・下限のある数に符号をつけたものである．規格は様々あるが，現在の標準的な倍精度浮動小数点だとおおよそ 10^{-300} から 10^{300} の間の有効数字 15 桁の数字に符号をつけたものを利用できると考えて差し支えない．このほかにも「無限大」を表すコードなどもあるが，とりあえずはそのような特別な数値は用いないものとする．

　このことにより，上の例でいうと「a と b は平行 (よって B の座標は上限を超えており計算不可能)」という判断と「a と b はほぼ平行 (よって B は上限の範囲内であり計算可能)」という判断の境目が難しくなっていることが分かるだろう．「ほぼ平行」と判定を下して B の座標を計算してみたら無限大になってしまった，もしくは計算結果が扱える数の範囲を超えてしまった，ということは十分に起こりうる．

　このような場面を想定して，「例外処置」を準備することが最初の対策である．つまり閾値 (しきいち) を設定し，その値よりも大きな (もしくは小さな) 計算結果が出た場合には，別処理を行うという方法である．これは数学的な整合性よりも，計算幾何学としての整合性を優先させる手段だといえる．

　しかし静的問題で重要なことは，**作図評価はできるだけ例外・破綻が起こらないような枠組みで考えるべき**ということである．上の例でいうならば，2 直線 a, b を連続的に動かすことにより，その交点 B も連続的に動く．**連続的な動きの中で 2 直線が平行になったとき，その交点は連続的に無限遠点へと動くと考えるのが**

自然である．しかし通常の座標平面で考えている間は「無限遠点」はあくまでも例外的な扱いということになり，作図評価としては望ましくない．

点 B が無限遠点へと動けば，A, B の中点 C も点 B と同じ方向の無限遠点へと移動することになる (中点であることから，A, C, B のお互いの距離はどんどん離れていくが，結局 C も無限遠点へと動くことになる)．

この節では，静的問題の解決方法として 2 つの概念を導入する．1 つは実射影平面である．これは，座標の取り方を工夫することにより，コンピュータ上では有限な値の計算でありながら平面上の無限遠点も取り扱えるような数学理論である．実射影平面では平行な 2 直線は無限遠点で交わっており，任意の 2 直線は必ず 1 点で交わっていることになる．このことから実射影平面における作図では「2 直線の交点」に例外や破綻が発生しないことになり，静的問題の解決に大いに役立つのである．

もう 1 つは，作図手順によって作図が定まらない場合も想定し，不定な図形として零点・零直線・零円という「実在しないが計算上は存在する幾何学対象」も考える．

1.2.3 実射影平面

それでは本題の実射影平面の説明をしよう．最終目標は複素数による射影平面なのであるが，まずは実数の射影平面 $P^2(\mathbb{R})$ について説明したいと思う．

平面上に x 軸，y 軸を引くことにより，平面上の任意の点は x 座標，y 座標という 2 つの数の組で表すことができる．これに無限遠点を追加して考えようというのが実射影平面の考え方で，そのために「比」という考え方を導入する．

3 つの数の組 x, y, z が $0, 0, 0$ でないものとし，その 3 つの数の比を $[x : y : z]$ と書くことにする．だだしここで，0 でない実数定数 t に対して，

$$[x : y : z] = [tx : ty : tz]$$

であると定めることにする．このような比全体の集合を射影平面とよぶ．つまり

$$P^2(\mathbb{R}) = \{[x : y : z] \mid (x, y, z) \neq (0, 0, 0)\}$$

と定めることにする．

じつはこの定義はやや直感に訴えている部分があるので，念のため同じことを数学として厳密に定義しておく．

まず，$\mathbb{R}^3 = \{(x,y,z) \mid x,y,z \in \mathbb{R}\}$ とし，この集合から原点を取り除いた集合

$$\mathbb{R}^3 \setminus \{\boldsymbol{o}\} = \{(x,y,z) \mid x,y,z \in \mathbb{R}, (x,y,z) \neq (0,0,0)\}$$

を考える．

$\mathbb{R}^3 \setminus \{\boldsymbol{o}\}$ に次のような同値関係 [1] を定義する．

$$(x,y,z) \sim (x',y',z') \iff \exists t \in \mathbb{R} \setminus \{0\}, \ (x',y',z') = (tx,ty,tz)$$

同値関係とは次の3つの法則を満たすようなものである．
(反射律) $(x,y,z) \sim (x,y,z)$
(対称律) $(x,y,z) \sim (x',y',z') \Rightarrow (x',y',z') \sim (x,y,z)$
(推移律) $(x,y,z) \sim (x',y',z')$ かつ $(x',y',z') \sim (x'',y'',z'')$
    $\Rightarrow (x,y,z) \sim (x'',y'',z'')$

問 1.2.1 上の $\sim$ について，この3つの法則が成り立つことを検証してみよ．

この同値関係 $\sim$ で関係付けられるものは「比として等しい」と考えることができるので，これを同値類とよぶこととし，比が等しいものを同じ要素とみなして集合として考えたものを実射影平面という．(x,y,z) を含むような同値類を $[x:y:z]$ と書くことにすれば，上の説明と同じことになる．商集合 [2] の記号を用いるならば

$$P^2(\mathbb{R}) = (\mathbb{R}^3 \setminus \{\boldsymbol{o}\})/\sim$$

と書き表すことができる．

さて，射影平面 $P^2(\mathbb{R})$ が平面に無限遠点を追加したものであることを説明しよう．そのために $P^2(\mathbb{R})$ の要素のうち，$[x:y:1]$ という形で表されるものの全体をまず考える．この x,y は実数の中から自由に選ぶことができる．（$z=1$ なので，「x,y,z の3つとも0」という状況を避けられることに注意しよう．）そこで

---

[1] 3.1 節の補遺を参照のこと．

[2] 3.1 節の補遺を参照のこと．

$$\varphi : (x, y) \mapsto [x : y : 1] : \mathbb{R}^2 \to P^2(\mathbb{R})$$

という写像を考える (図 1.6). この写像は単射[3]である. この写像を通して, $P^2(\mathbb{R})$ の中の $[x : y : 1]$ という形で表される要素を平面上の点 (x, y) と 1 対 1 対応させる. この対応を以後 $\leftrightarrow$ という記号を用いて $(x, y) \leftrightarrow [x : y : 1]$ と表記することにする.

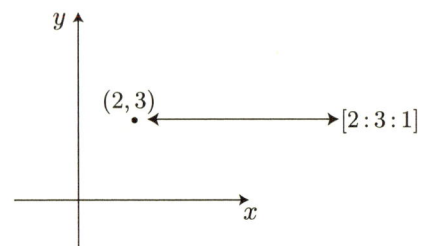

図 1.6 平面の点と実射影平面の要素との間の対応関係

問 1.2.2 上に与えられた写像 $\varphi : (x, y) \mapsto [x : y : 1] : \mathbb{R}^2 \to P^2(\mathbb{R})$ が単射であることを示せ. すなわち, $\varphi(x_1, y_1) = \varphi(x_2, y_2)$ ならば $(x_1, y_1) = (x_2, y_2)$ であることを示せ.

じつは $[x : y : 1]$ とあらわされる要素は $P^2(\mathbb{R})$ の大部分を占めている. というのは, もし $z \neq 0$ であるならば,

$$[x : y : z] = \left[\frac{x}{z} : \frac{y}{z} : 1\right] \leftrightarrow \left(\frac{x}{z}, \frac{y}{z}\right)$$

と表すことができ, 平面の点と対応付けることができるからである.

このことから一歩進めて考えると, $z \neq 0$ となる $[x : y : z]$ は平面 $\mathbb{R}^2$ の点と 1 対 1 に対応するので, 逆に「平面と対応しない $P^2(\mathbb{R})$ の要素」は $[x : y : 0]$ の形をしていることが分かる. この点がどのような点であるかを考えてみよう.

$P^2(\mathbb{R})$ の要素 $[x : y : z]$ を考え, x と y のどちらか一方は 0 でないものとする. そして z を 0 へ近づることを考えると,

---

[3] 3.2 節の補遺を参照のこと.

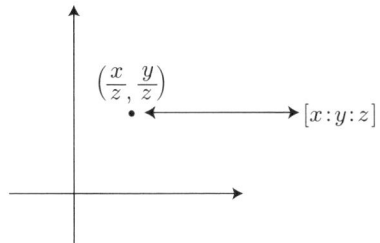

図 1.7　$z \neq 0$ のときの $[x:y:z]$

$$\lim_{z \to 0}[x:y:z] = [x:y:0]$$

であるが，この式の左辺について考えてみると，$\lim_{z \to 0}[x:y:z]$ は $\lim_{z \to 0}\left(\dfrac{x}{z}, \dfrac{y}{z}\right)$ と対応し，$x \neq 0$ または $y \neq 0$ であることから，

$$\lim_{z \to 0}\frac{x}{z} = \infty,\ \text{または}\ \lim_{z \to 0}\frac{y}{z} = \infty$$

である．したがって $[x:y:0] = \lim_{z \to 0}\left(\dfrac{x}{z}, \dfrac{y}{z}\right)$ は平面の無限遠点を表していることになる．この場合の無限遠点とは，平面上の直線を考えたときに，その直線の向かう無限のかなたの点と考えるとわかりやすい．

たとえば平面上の直線 $y = mx + n$ (m, n は実数の定数) を考えてみよう．直線上の点は一般に $(x, mx+n)$ と表されるわけだが，この x 座標を無限大に発散させるときに，点はどうなるだろうか．平面だけで考えるならば，x 座標が無限大になるということは無限遠点へ発散するということになる．このとき次の命題が成り立つ．

命題 1.1　平面直線 $y = mx + n$ 上の点 $(x, mx+n)$ の $x \to \infty$ という極限を考えると，$P^2(\mathbb{R})$ では $[1:m:0]$ へと収束する

このことを示してみよう．実際に，$x \neq 0$ であるとして，x を無限に発散させてみよう[4]．実際に

---

[4] x を無限に発散させるのに $x \neq 0$ を断るのは不自然に感じるかもしれないが，分数の分母が 0 にならない保証をしておく必要があるのでわざわざ断った．

$$(x, mx+n) \leftrightarrow [x : mx+n : 1] = \left[1 : \frac{mx+n}{x} : \frac{1}{x}\right]$$
$$= \left[1 : m + \frac{n}{x} : \frac{1}{x}\right]$$
$$\xrightarrow{x \to \infty} [1 : m : 0]$$

である.

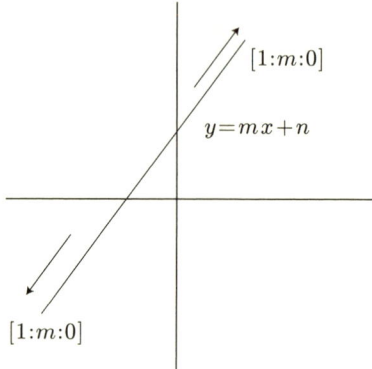

図 1.8 $y = mx + n$ の無限遠点

ここで 2 つのことを注意しておく．直線 $y = mx + n$ の無限遠点とは，直線をたどった無限遠点という意味であるが，直線は 2 方向に無限に伸びているので，2 つの無限遠点がある (かもしれない) と考えるのが自然な発想である (図 1.8)．つまり，上の計算式において，$x \to +\infty$ と $x \to -\infty$ の二つの無限遠点を考えてみるとどうだろうか．

$$\left[1 : m + \frac{n}{x} : \frac{1}{x}\right] \xrightarrow{x \to +\infty} [1 : m : 0],$$
$$\left[1 : m + \frac{n}{x} : \frac{1}{x}\right] \xrightarrow{x \to -\infty} [1 : m : 0]$$

この計算から分かるように，射影平面においては，1 つの直線に対する無限遠点はただ 1 つであるということになる．つまり一本の直線の道があったならば，その両側の無限遠点は同一の点であり，一方向へ無限遠点を目指して歩いていくと反対方向の無限遠点から戻ってこられるということを意味している．このことは

直感的にはやや不思議な感じもあるが，これが射影平面における無限遠点の定義であると考えればよい．直線 $y = mx + n$ の方向ベクトルは $(1, m)$ であるので，ここに現れる $[1 : m : 0]$ という点は直線の方向ベクトルに対応した無限遠点であることが分かる．

参考：この不思議な考え方は透視図法に由来する．平面上に立ち，そこから見える風景をキャンバスに写し取ることを考えよう．地平線はキャンバスの上では水平な直線として描かれ，平面上の平行 2 直線は地平線で交わるような直線として描かれる (図 1.9)．地平線より上の領域にまで直線を延長することができるが，この延長部分をよく考えると「視点 (観察者) の後ろに伸びている平行 2 直線」に他ならないことが分かる．すなわち，観察者の後ろ方向に伸びている無限遠点はじつは前方に見えている無限遠点とキャンバス上では同一の点であることを示唆している．

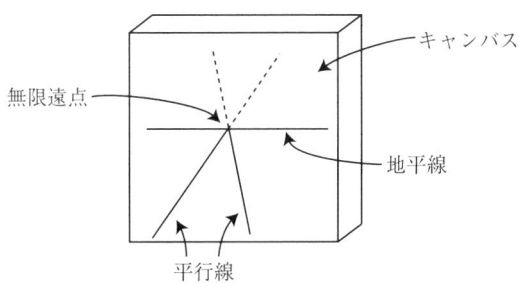

図 1.9 キャンバスの上の無限遠点と，平行線の延長線

もう 1 つの注意点は y 軸に平行な直線 $x = n$ の無限遠点についてである．この場合，直線上の点は (n, y) と表されるので，y を無限遠に発散させることにより，

$$(n, y) \longleftrightarrow [n : y : 1] = \left[\frac{n}{y} : 1 : \frac{1}{y}\right] \xrightarrow{y \to \infty} [0 : 1 : 0]$$

という点に収束することが分かる．y 軸に平行な直線の方向ベクトルが $(0, 1)$ であることに注意しておこう．このようにして $[x : y : 0]$ と表される点はすべて平面の無限遠点であると考えられることが分かった．このことを命題としてまとめておこう．

命題 1.2 (平面の無限遠点)　平面におけるベクトル (a, b) 方向の無限遠点は, $[a : b : 0]$ であらわされる $P^2(\mathbb{R})$ の要素である.

1.2.4　実射影平面における直線の式

実射影平面において, 直線の式はどのように表されるだろうか. 平面の直線の式は $ax + by + c = 0$ と表されるので, ここから考えてみよう. ただしここで a, b の少なくとも一方は 0 でないと仮定する.

もし実射影平面の点 $[x : y : z]$ がこの直線 $ax + by + c = 0$ の上にあったとすると,

$$[x : y : z] = \left[\frac{x}{z} : \frac{y}{z} : 1\right] \longleftrightarrow \left(\frac{x}{z}, \frac{y}{z}\right)$$

が直線上にあることから

$$a\frac{x}{z} + b\frac{y}{z} + c = 0$$

が成り立つ. 今両辺を z 倍することにより

$$ax + by + cz = 0$$

が成り立つ. このことから, 直線上の点はすべて

$$L = \{[x : y : z] \in P^2(\mathbb{R}) \mid ax + by + cz = 0\}$$

という集合 L に含まれることになる. では, 任意の L の点はもとの直線とどのような関係にあるだろうか. $[x : y : z] \in L$ に対して, $z \neq 0$ の場合と $z = 0$ の場合に分けて考える.

$z \neq 0$ の場合には,

$$ax + by + cz = 0 \implies a\frac{x}{z} + b\frac{y}{z} + c = 0$$

より, $\left(\frac{x}{z}, \frac{y}{z}\right) \longleftrightarrow \left[\frac{x}{z} : \frac{y}{z} : 1\right] = [x : y : z]$ は直線上の点であることが分かる.

$z = 0$ の場合には $[x : y : 0]$ は無限遠点ということになるが, $ax + by + cz = 0$ が成り立つことより, $x : y = b : -a$ と求まり, したがって, $[b : -a : 0]$ が L に含まれる唯一の無限遠点であることが分かる [5].

---

[5] ここで a, b のどちらかが 0 でないことを用いている.

以上の考察より，L は「平面上の直線上の点と (1 つの) 無限遠点の和集合」ということが分かる．

なお，もともとの平面上の直線の式 $ax + by + c = 0$ における方向ベクトルは $(b, -a)$ であることがよく知られているので，実射影平面の直線 $ax + by + cz = 0$ の方向ベクトルも $(b, -a)$ であるということにする．

例外的な場合として，$a = b = 0, c = 1$ の場合，つまり $\{[x : y : z] \mid z = 0\}$ はどのように考えればよいだろうか．この集合上の点はすべて無限遠点である．射影平面においてはこの集合も直線の一種とみなし，**無限遠線**とよぶ．

以上をまとめておこう．

定義 1.3 (実射影平面における直線) a, b, c を実数の定数とし，その少なくとも 1 つは 0 でないとする．このとき

$$\{[x : y : z] \in P^2(\mathbb{R}) \mid ax + by + cz = 0\}$$

を実射影平面における直線と定義する．簡単のため「直線 $ax + by + cz = 0$」と表記する．

1.2.5 実射影平面における円

次は実射影平面における円の方程式について考えてみよう．平面上において中心 (a, b)，半径 r (ただし $r > 0$) の円の式は $(x - a)^2 + (y - b)^2 = r^2$ である．このことから，射影平面の点 $[x : y : z]$ (ただし $z \neq 0$) がこの円上にあるとすると

$$\left(\frac{x}{z} - a\right)^2 + \left(\frac{y}{z} - b\right)^2 = r^2$$
$$(x - az)^2 + (y - bz)^2 - r^2 z^2 = 0$$

が成り立つ．これを展開すると，$(x^2 + y^2) - 2axz - 2byz + (a^2 + b^2 - r^2)z^2 = 0$ となる．ここで，係数の文字を置きなおして，次のように定義する．

定義 1.4 (実射影平面における円) a, b, c, d を実数の定数とし，少なくとも 1 つは 0 でないものとする．このとき方程式

$$a(x^2 + y^2) + bxz + cyz + dz^2 = 0$$

が表す集合を実射影平面における円であるとする．

こうしておくと，円 $a(x^2+y^2)+bxz+cyz+dz^2=0$ を式変形することにより

$$a\left(x+\frac{b}{2a}z\right)^2 + a\left(y+\frac{c}{2a}z\right)^2 = \left(\frac{b^2+c^2}{4a} - d\right)z^2$$

とできるので，この円の中心は $[-b:-c:2a]$ で半径は $\dfrac{\sqrt{b^2+c^2-4ad}}{2|a|}$ と求めることができる．

ここで半径の分母が 0 だとまずいわけだが，それは $a=0$ の場合であって「半径は無限大かつ中心は無限遠点」ということであり，その実態は直線に他ならない．ルートの中が正の数でなければ適切な意味での円の半径とはよべないことは明らかであろう．計算幾何学の観点から，上のように円を広く定義しておくと，何かと都合がよいのである．

1.2.6 作図公式

一般的に作図といえば，コンパスと定規のみを用いて行えるものをさす．そういう意味では，「2 点を通る直線を引く」「直線と直線の交点を求める」「中心と円上の 1 点から円を描く」「直線と円の交点を求める」という作業が定規とコンパスで直接行える作図であるといえる．

しかし一般的に言って一般に幾何ソフトウエアでは便宜のためにいくつかの決まりきった作図を作業として使えるようにしてある．たとえば中点の作図，垂線の作図，平行線の作図，角の 2 等分線の作図などが考えられる．(なお，多くの IGS においては「5 点を通る 2 次曲線」や「直線と点で定まる放物線」など定規とコンパスによる作図の範囲を超えたツールが準備されているが，それらはこの本では取り扱わない．)

作図という作業は「いくつかの入力」と「1 つの出力」を持っているのが標準的な形態である．たとえば中点の作図を考えてみると，与えられた 2 つの点が「入力」にあり，その中点が「出力」にあたる．

ここで，出力は入力から定まるものと考え，それを式によって表現することを考える．たとえば中点であれば，$A=[x_1:y_1:z_1]$, $B=[x_2:y_2:z_2]$ という入力に対して，出力は $[x_1z_2+x_2z_1:y_1z_2+y_2z_1:2z_1z_2]$ と表すことができる．(この証明は次の節で与える．) この出力に当たる式のことを作図公式をよぶことにす

る．上の式は「中点を表す作図公式」である．

この節の残りの部分では基本的な作図公式を求めることを目標とする．

1.2.7 中点

実射影平面上の 2 点 $A = [x_1 : y_1 : z_1]$, $B = [x_2 : y_2 : z_2]$ の中点がどのように表されるかを考えてみよう．まず，$z_1 \neq 0, z_2 \neq 0$ の場合で考える．(これが通常の意味での中点であることは言うまでもない．)

$$A = [x_1 : y_1 : z_1] \leftrightarrow \left(\frac{x_1}{z_1}, \frac{y_1}{z_1}\right), B = [x_2 : y_2 : z_2] \leftrightarrow \left(\frac{x_2}{z_2}, \frac{y_2}{z_2}\right)$$

と対応していることから，中点 M は

$$\begin{aligned} M &= \frac{1}{2}\left(\left(\frac{x_1}{z_1}, \frac{y_1}{z_1}\right) + \left(\frac{x_2}{z_2}, \frac{y_2}{z_2}\right)\right) \\ &= \left(\frac{x_1}{2z_1} + \frac{x_2}{2z_2}, \frac{y_1}{2z_1} + \frac{y_2}{2z_2}\right) \\ &= \left(\frac{x_1 z_2 + x_2 z_1}{2z_1 z_2}, \frac{y_1 z_2 + y_2 z_1}{2z_1 z_2}\right) \end{aligned}$$

と求めることができる．この点は実射影平面上では

$$\begin{aligned} M &= \left[\frac{x_1 z_2 + x_2 z_1}{2z_1 z_2} : \frac{y_1 z_2 + y_2 z_1}{2z_1 z_2} : 1\right] \\ &= [x_1 z_2 + x_2 z_1 : y_1 z_2 + y_2 z_1 : 2z_1 z_2] \end{aligned} \tag{1.1}$$

という点であることがすぐに求められる．

さて，計算としてはこれでよさそうだが，数学として well-definedness であるか (適正に定義されているかどうか) について確認しておくことが必要である．これはつまり，今は $A = [x_1 : y_1 : z_1]$, $B = [x_2 : y_2 : z_2]$ という仮定からこの式を求めたわけだが，実射影平面の点は比で表されていることに注意すると，任意の 0 でない実数の定数 s, t に対して，$A = [sx_1 : sy_1 : sz_1]$, $B = [tx_2 : ty_2 : tz_2]$ と書いても同じ点を表しているはずである．そして，この表示から同じように計算を始めたときに，中点 M が s, t の値に関わらずいつでも同じ点になるかどうかを確かめなければ，M が正しく計算できたとはいえないことになる．

実際に計算してみると，

$$M = [(sx_1)(tz_2) + (tx_2)(sz_1) : (sy_1)(tz_2) + (ty_2)(sz_1) : 2(sz_1)(tz_2)]$$
$$= [st(x_1z_2 + x_2z_1) : st(y_1z_2 + y_2z_1) : st(2z_1z_2)]$$
$$= [x_1z_2 + x_2z_1 : y_1z_2 + y_2z_1 : 2z_1z_2]$$

であることから正しいことがわかった．これは簡単な計算ではあるが，数学として厳密に構築していくときには重要な作業である．このことが成立する要件として，すべての単項式が x_1, y_1, z_1 についての同次式であり，かつ x_2, y_2, z_2 についての同次式であることが挙げられる．以下では well-definedness を一つ一つ確認することはしないが，証明の手続きとして必要であることは注意しておく．

この計算結果で重要なことは，「z_1, z_2 の値にかかわらず計算が可能」という点である．式 (1.1) を得る過程においては分数式が現れているが，実射影平面の性質を用いて最終的には分数式でない形が得られている．このことから，z_1, z_2 が 0 の場合にも同じ式で計算をすることは可能である．ここでは，z_1, z_2 が 0 の場合の図形的意味とこの計算結果との間に整合性があるかどうかを確証してみる．

さて，M は平面上の 2 点に関しては中点であるが，A または B を無限遠点へと移動してみよう．計算式 (1.1) はこのまま有効であるとしてこの式に $A = [x_1 : y_1 : 0]$, $B = [x_2 : y_2 : z_2]$ を代入すると，

$$M = [x_1z_2 : y_1z_2 : 0]$$

となる．もし $z_2 \neq 0$ であるとすると，$M = [x_1 : y_1 : 0] = A$ であることが分かる．

このことは図形的に次のように解釈することができる．平面上に直線 ℓ と点 B を固定しよう．直線 ℓ 上に動点 A を考え，線分 AB の中点を M とする．こうして，点 A を ℓ にそって無限遠点に動かすと，M はどうなるだろうか．たやすく分かることだが M もまた A と「同じ」無限遠点へ行くことが分かる．

A, B を同時に無限遠点へと動かしたときに，その中点 M はどうなるだろうか？その答は「不定」である．

図形的に考えると次の 2 通りが考えられる．まず，$A = B = [x_1 : y_1 : 0]$ の場合であるが，この場合には任意の射影平面の点が中点となりうる．$A = [x_1 : y_1 :$

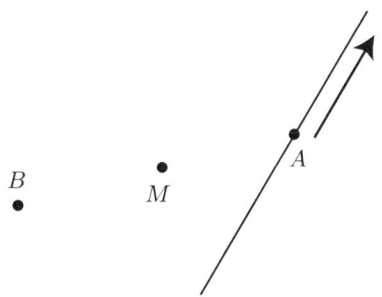

図 **1.10** 点 A を無限遠点へと動かす

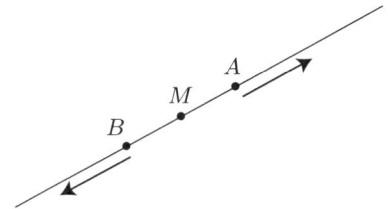

図 **1.11** 点 A, B を同じ無限遠点へと動かす

$0], B = [x_2 : y_2 : 0]$ かつ $A \neq B$ の場合には，任意の無限遠点が中点となりうる．この 2 つのことは読者への宿題としよう．公式 (1.1) に $z_1 = z_2 = 0$ を代入すると，$[0 : 0 : 0]$ となり，禁じられた値になってしまう．このことをどのように取り扱うかは次の節へまわすことにして，以上をまとめて次の定理を得る．

定理 1.5 (中点) 実射影平面上の 2 点 $A = [x_1 : y_1 : z_1], B = [x_2 : y_2 : z_2]$

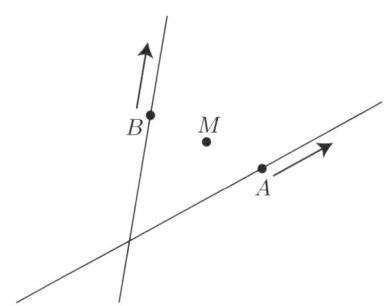

図 **1.12** 点 A, B を異なる無限遠点へと動かす

について，z_1, z_2 のいずれかが 0 でないとき，その中点 M は

$$M = [x_1 z_2 + x_2 z_1 : y_1 z_2 + y_2 z_1 : 2 z_1 z_2] \tag{1.1}$$

で与えられる．ただし，$z_1 = z_2 = 0$ の場合には図形的にみると中点は不定であり，式 (1.1) は $[0:0:0]$ を値とする．

1.2.8　零拡張可能性

数学的には，実射影平面上の点としての $[0:0:0]$ や実射影平面上の直線としての $0x + 0y + 0z = 0$，円としての $0(x^2 + y^2) + 0xz + 0yz + 0z^2 = 0$ は考察しないことにしているが，計算幾何学的にはこれらを許容したほうがかえって整合性が得られるとも考えられる．$[0:0:0]$ を零点，$0x + 0y + 0z = 0$ を零直線，$0(x^2 + y^2) + 0xz + 0yz + 0z^2 = 0$ を零円とよぶことにする．

得られた作図公式が結果として零点や零直線や零円となる場合があり，かつ零点や零直線や零円に対しても結果をもつことを零拡張可能であるということにする．

たとえば，前節の中点の公式について考えると，A, B が無限遠点の場合には中点 M は零点であった．さらに同じ公式に $A = [0:0:0]$ または $B = [0:0:0]$ を代入すると，いずれの場合にも $[0:0:0]$ を値とするので，この場合には零拡張可能であることが確認できる．

この概念は計算幾何学的な要請によるものである．中点が零拡張可能であるということは，いかなる場合においても次なる作図をするときに計算停止せずに計算が行われることを保障している．次節以降の作図公式においては零可能性を確認することにする．一般的に，作図公式が整式で得られる場合には必ず零拡張可能であることが容易に分かる．

また，中点の作図の場合にもみられたように，図形的にみて結果が不定であることと代数的に見て結果が零点，零直線，零円であることはしばしば対応する．

この観点に立つと，前節の定理は次のように述べてよいことになる．

定理 1.6 (中点——改訂版)　実射影平面上の 2 点 $A = [x_1 : y_1 : z_1]$, $B = [x_2 : y_2 : z_2]$ について，その中点 M は

$$M = [x_1 z_2 + x_2 z_1 : y_1 z_2 + y_2 z_1 : 2 z_1 z_2] \tag{1.1}$$

で与えられる．この公式は零拡張可能である．

1.2.9　2直線の交点

実射影平面における 2 直線の交点については次の定理が成り立つ．

定理 1.7 (**2 直線の交点**)　実射影平面上の異なる 2 直線 $\ell : a_1x + b_1y + c_1z = 0, m : a_2x + b_2y + c_2z = 0$ について，その交点 A は

$$A = [b_1c_2 - b_2c_1 : c_1a_2 - c_2a_1 : a_1b_2 - a_2b_1] \tag{1.2}$$

で与えられる．また，この公式は零拡張可能である．

ずいぶんきれいな式で書けるものだと思うかもしれない．(そういう感覚は数学においてはとても大切である．) 証明しておこう．

証明　2 直線の交点を $[x : y : z]$ とすると，

$$a_1x + b_1y + c_1z = 0 \tag{1}$$
$$a_2x + b_2y + c_2z = 0 \tag{2}$$

が成り立つ．この 2 直線が異なるという条件より，$a_1 : b_1 : c_1 \neq a_2 : b_2 : c_2$ である．このことから，$a_1b_2 - a_2b_1, b_1c_2 - c_1b_2, c_1a_2 - c_2a_1$ の 3 つのうちの少なくとも 1 つは 0 ではない．(なぜならば，この 3 つのすべてが 0 と等しい場合，$a_1 : b_1 : c_1 = a_2 : b_2 : c_2$ であり矛盾である．) 今，$a_1b_2 - a_2b_1 \neq 0$ であると仮定しよう．

$(1) \times b_2 - (2) \times b_1$ を計算して $(a_1b_2 - a_2b_1)x + (c_1b_2 - c_2b_1)z = 0$ であるから，

$$x : z = (b_1c_2 - b_2c_1) : (a_1b_2 - a_2b_1)$$

$(1) \times a_2 - (2) \times a_1$ を計算して $(b_1a_2 - b_2a_1)y + (c_1a_2 - c_2a_1)z = 0$ であるから，

$$y : z = (c_1a_2 - c_2a_1) : (a_1b_2 - a_2b_1)$$

である．以上をまとめて定理を得る．(証明終)

この証明では $a_1b_2 - a_2b_1 \neq 0$ であると仮定したが，そのことの意味を考えておこう．実際に平面上で交わる 2 直線 $a_1x + b_1y + c_1 = 0, a_2x + b_2y + c_2 = 0$ を考

えると，方向ベクトル $(b_1, -a_1)$, $(b_2, -a_2)$ が平行でないことより $a_1b_2 - a_2b_1 \neq 0$ であって線形代数で学習したクラメルの公式により (もしくは消去法により)

$$x = \frac{c_1b_2 - c_2b_1}{a_1b_2 - a_2b_1}$$
$$y = \frac{a_1c_2 - a_2c_1}{a_1b_2 - a_2b_1}$$

を得る．つまり

$$[x : y : 1] = \left[\frac{c_1b_2 - c_2b_1}{a_1b_2 - a_2b_1} : \frac{a_1c_2 - a_2c_1}{a_1b_2 - a_2b_1} : 1\right]$$

であり，これは交点の式 (1.2) を与えていることになる．一方で，平行な 2 直線が与えられたらどうだろうか．つまり，$(b_1, -a_1)//(b_2, -a_2)$ ということであり，$a_1b_2 - a_2b_1 = 0$ ということである．この場合には x, y について解くことはできないが，$a_1x + b_1y + c_1z = 0, a_2x + b_2y + c_2z = 0$ は $[b_1 : -a_1 : 0] = [b_2 : -a_2 : 0]$ という無限遠点を共有していることが分かる．

以上をまとめよう．実射影平面上の任意の 2 直線は必ず交点を 1 つ持っている．平行でない 2 直線は平面上の 1 点で交わり，平行な 2 直線は無限遠点において交わる．

2 つの直線が一致してしまうとき，式 (1.2) は零点になることが分かる．この場合を図形的に考えると，交点は 1 つには定まらないという意味で不定である．代数的な零点と図形的な不定が対応していることが分かる．

さて，図 1.4, 図 1.5 で紹介した作図評価は実射影平面を導入することによりどのようになるだろうか．それを示したのが図 1.13 である．上側の作図評価は図 1.4 とさほど変わらないが，下側の作図評価と図 1.5 には大きな違いがある．実射影平面を導入することにより例外処理が不要になっていることがよく分かるだろう．

1.2.10 2 点を通る直線

与えられた任意の異なる 2 点を通る直線の方程式は次の定理で与えられる．

定理 1.8 (2 点を通る直線) 異なる 2 点 $[x_1 : y_1 : z_1], [x_2 : y_2 : z_2]$ を結ぶ直

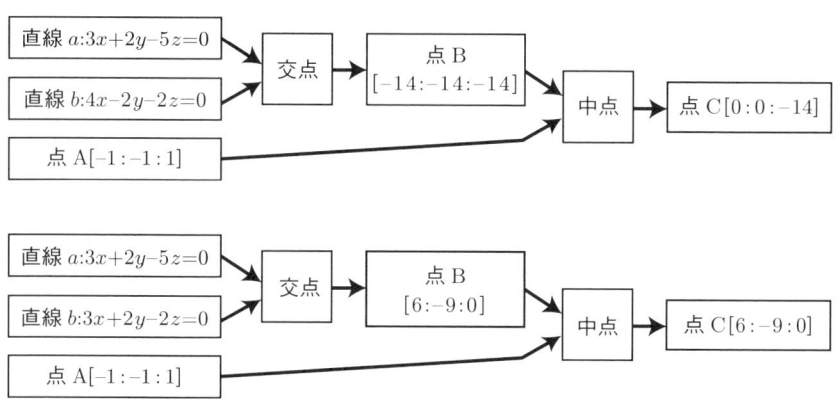

図 1.13 　実射影平面を用いた作図評価

線は
$$(y_1z_2 - y_2z_1)x + (z_1x_2 - z_2x_1)y + (x_1y_2 - x_2y_1)z = 0 \tag{1.3}$$
である．この式は零拡張可能である．

まず証明をすませてしまおう．

証明　求める直線の式を $ax + by + cz = 0$ とおくと，$[x_1 : y_1 : z_1], [x_2 : y_2 : z_2]$ がこの直線を通ることから a, b, c に関する方程式が 2 つ得られる．このことから $a : b : c$ は 1 通りに定まる (連立方程式の解の空間の次元に関する公式により)．したがって求める直線はただ 1 通りしかないが，実際に 2 点の座標を定理の式 (1.3) に代入すると，
$$(y_1z_2 - y_2z_1)x_1 + (z_1x_2 - z_2x_1)y_1 + (x_1y_2 - x_2y_1)z_1 = 0$$
$$(y_1z_2 - y_2z_1)x_2 + (z_1x_2 - z_2x_1)y_2 + (x_1y_2 - x_2y_1)z_2 = 0$$
であり，(1.3) は求める直線の 1 つである．答えが 1 つしかない問題に 1 つ答えが見つかったのだから，これが唯一の直線の方程式である．(証明終)

中学校で習う「2 点を通る直線の方程式」との整合性も確かめておこう．$z_1 \neq 0, z_2 \neq 0$ とすると，与えられた 2 点は平面上の $\left(\dfrac{x_1}{z_1}, \dfrac{y_1}{z_1}\right), \left(\dfrac{x_2}{z_2}, \dfrac{y_2}{z_2}\right)$ であるか

ら，求める方程式は

$$\left(\frac{x_2}{z_2} - \frac{x_1}{z_1}\right)\left(y - \frac{y_1}{z_1}\right) = \left(\frac{y_2}{z_2} - \frac{y_1}{z_1}\right)\left(x - \frac{x_1}{z_1}\right)$$

この式の分母を一部だけはらうと

$$(x_2 z_1 - x_1 z_2)\left(y - \frac{y_1}{z_1}\right) = (y_2 z_1 - y_1 z_2)\left(x - \frac{x_1}{z_1}\right)$$

であって，これを展開すると，

$$(y_1 z_2 - y_2 z_1) x + (z_1 x_2 - z_2 x_1) y - (x_2 z_1 - x_1 z_2)\frac{y_1}{z_1} + (y_2 z_1 - y_1 z_2)\frac{x_1}{z_1} = 0$$

$$(y_1 z_2 - y_2 z_1) x + (z_1 x_2 - z_2 x_1) y + (y_1 x_2 - y_2 x_1) = 0$$

となり，式 (1.3) が得られていることが分かる．

特別な場合についての整合性について調べよう．まず 2 点のうちの 1 つが無限遠点である場合を調べてみよう．$z_1 \neq 0$ かつ $z_2 = 0$ であるような場合を考える．式 (1.3) に $z_2 = 0$ を代入すると，

$$(-y_2 z_1) x + (z_1 x_2) y + (x_1 y_2 - x_2 y_1) z = 0$$

となる．直線が「$[x_2 : y_2 : 0]$ を通る」ということと「方向ベクトルが (x_2, y_2)」ということとは同値なので，$[x_1 : y_1 : z_1]$ を通って，方向ベクトルが (x_2, y_2) であるような直線を求めればよいが，それは上の式と一致することが分かる．(その求め方は平行線の求め方の節を参照すること．)

2 つの異なる無限遠点を通る直線を考えると，$z_1 = z_2 = 0$ を代入してみて

$$(x_1 y_2 - x_2 y_1) z = 0$$

を得る．「異なる無限遠点」という仮定により $x_1 y_2 - x_2 y_1 \neq 0$ であるので，得られた式は無限遠線であることが分かる．実際，2 つの異なる無限遠点を通る直線は無限遠線であると考えられるので，これが求めるべき回答である．

最後に，与えられた 2 点が一致する場合についても考察しておこう．この場合には求めるべき直線は不定である．一方で，作図公式 (1.3) に $[x_1 : y_1 : z_1] = [x_2 : y_2 : z_2]$ を代入すると零直線が得られる．

1.2.11 中心と円上の 1 点を指定した円

$A[x_1 : y_1 : z_1]$ を中心とし，$B[x_2 : y_2 : z_2]$（ただし $z_1 \neq 0, z_2 \neq 0$）を通る円の方程式を求めてみよう．上の考察により，方程式は

$$z_1(x^2 + y^2) - 2x_1 xz - 2y_1 yz + 2dz^2 = 0$$

という形をしていることが分かる．この式が $B[x_2 : y_2 : z_2]$ を通ることより，

$$z_1(x_2^2 + y_2^2) - 2x_1 x_2 z_2 - 2y_1 y_2 z_2 + 2dz_2^2 = 0$$

$$-\frac{z_1(x_2^2 + y_2^2)}{2z_2^2} + \frac{x_1 x_2}{z_2} + \frac{y_1 y_2}{z_2} = d$$

と計算できて，d が求まる．この d を円の方程式に代入して，分母を払うことにより，

$$z_1 z_2^2 (x^2 + y^2) - 2x_1 z_2^2 xz - 2y_1 z_2^2 yz$$
$$+ (-z_1(x_2^2 + y_2^2) + 2(x_1 x_2 + y_1 y_2) z_2) z^2 = 0 \quad (1.4)$$

が得られる．

この計算は A, B が平面上の点であることを前提としているが，点 A が無限遠点であるとしたらどうだろうか．式 (1.4) で単に $z_1 = 0$ の場合を考えてみると，

$$-2x_1 z_2^2 xz - 2y_1 z_2^2 yz + 2(x_1 x_2 + y_1 y_2) z_2 z^2 = 0$$

$$(-2x_1 z_2 x - 2y_1 z_2 y + 2(x_1 x_2 + y_1 y_2) z) z = 0$$

となり，これは平面上の直線の式と無限遠線の式の積になっていることから，平面上の直線と無限遠線の和集合ということが分かる．図形的に考えると，円の中心が無限遠点に動く状況では円の半径も無限大となり，見た目は直線になることが想定される．このことから，この結果は自然であると考えられる．

このことを別の角度からもう一度見直すと，円の方程式 $a(x^2 + y^2) + bxz + cyz + dz^2 = 0$ において $a = 0$ の場合には，これは $(bx + cy + dz)z = 0$ であるが，$bx + cy + dz = 0$ と $z = 0$ との和集合が得られているということである．

次に A が平面上の点で B が無限遠点の場合はどうだろうか．式 (1.4) に $z_2 = 0$ を代入してみると，

$$-z_1(x_2^2 + y_2^2)z^2 = 0$$

$z_1 \neq 0$ であることから，これは無限遠線の式であると分かる．図形的にも特に矛盾がないようなので，これはこれでよいものとする．

以上をまとめて，次を得る．

定理 1.9 $A[x_1 : y_1 : z_1]$ を中心とし，$B[x_2 : y_2 : z_2]$ を通る円の方程式は

$$z_1 z_2^2 (x^2 + y^2) - 2x_1 z_2^2 xz - 2y_1 z_2^2 yz$$
$$+ (-z_1(x_2^2 + y_2^2) + 2(x_1 x_2 + y_1 y_2)z_2)z^2 = 0 \tag{1.4}$$

である．さらに，この作図公式は零拡張可能である．

1.2.12 直線と円の交点

与えられた直線 $\ell : a_1 x + b_1 y + c_1 z = 0$ と円 $C : a_2(x^2 + y^2) + b_2 xz + c_2 yz + d_2 z^2 = 0$ の交点を求めてみよう．

まずは $b_1 \neq 0$ を仮定して y を消去する方法を考えてみよう．直線の式は $y = \dfrac{-a_1 x - c_1 z}{b_1}$ と表せるのでこれを代入して

$$a_2 \left(x^2 + \frac{(a_1 x + c_1 z)^2}{b_1^2} \right) + b_2 xz - c_2 \frac{a_1 x + c_1 z}{b_1} z + d_2 z^2 = 0$$

これは x の 2 次方程式であるとみなせるので，x について解いて

$$x = \frac{-(2a_1 c_1 a_2 + b_1^2 b_2 - a_1 b_1 c_2) \pm \sqrt{D}}{2a_2(a_1^2 + b_1^2)} z$$
$$D = (2a_1 c_1 a_2 + b_1^2 b_2 - a_1 b_1 c_2)^2 - 4a_2(a_1^2 + b_1^2)(c_1^2 a_2 - b_1 c_1 c_2 + b_1^2 d_2)$$

この判別式を丁寧に計算すると

$$D = b_1^2 \{ 4c_1 a_2 (-c_1 a_2 + a_1 b_2 + b_1 c_2) + (b_1 b_2 - a_1 c_2)^2 - 4(a_1^2 + b_1^2) a_2 d_2 \}$$

なので，

$$D' = 4c_1 a_2 (-c_1 a_2 + a_1 b_2 + b_1 c_2) + (b_1 b_2 - a_1 c_2)^2 - 4(a_1^2 + b_1^2) a_2 d_2$$

とおくことにより，x, y を辛抱強く求めると

$$x = \frac{-(2a_1c_1a_2 + b_1^2b_2 - a_1b_1c_2) \pm b_1\sqrt{D'}}{2(a_1^2 + b_1^2)a_2}z$$

$$y = \frac{-(2b_1c_1a_2 + a_1^2c_2 - a_1b_1b_2) \mp a_1\sqrt{D'}}{2(a_1^2 + b_1^2)a_2}z$$

を得る．共通分母があるので，これを z 成分とおけば，

$$[x:y:z] = [-(2a_1c_1a_2 + b_1^2b_2 - a_1b_1c_2) \pm b_1\sqrt{D'} :$$
$$-(2b_1c_1a_2 + a_1^2c_2 - a_1b_1b_2) \mp a_1\sqrt{D'} :$$
$$2(a_1^2 + b_1^2)a_2] \tag{1.5}$$

が得られる．(ただし複号同順である．)

円と直線とが交わらない場合には，実数解がないわけだが，そのことは判別式が負であること，つまりここでは $D' < 0$ であることにより分かる．円と直線が接する場合は $D' = 0$ であるかどうかで判別することができる．

円と直線の交わりは一般には 2 つあるわけだが，これに番号付けすることはできないことを注意しておく．

点 A が円 C の内部にあり，直線 ℓ が点 A を通る直線であるとする．このとき，ℓ と C の交点を X, Y としよう．ℓ だけを A を中心に連続的に 180 度回転させると，点 X, Y も円上を連続的に動き，そして場所が入れ替わることが分かる．このことから ℓ と C の 2 つの交点について「ルートの符号が正のもの」といったような大域的な指定の仕方ができないことが分かる．このことは 1.3 節の動的問題のところで改めて取りあげることにする．

1.2.13　垂線・平行線

直線 $\ell : ax + by + cz = 0$ と定点 $A[x_0 : y_0 : z_0]$ が与えられたときに，点 A を通り，直線 ℓ に直交する直線の方程式を考えよう．求める直線の式を $a'x + b'y + c'z = 0$ であるとする．まずは点 A が平面上の点である場合を考える．すなわち $z_0 \neq 0$ の場合である．直線 $\ell : ax + by + cz = 0$ の方向ベクトルは $(b, -a)$ であり，これに直交するベクトルは (a, b) である．このことから，

$$a : b = b' : -a'$$

であることが分かる．今は $a':b':c'$ が知りたいので，仮に $b'=a, -a'=b$ とおくことができる．（このことは多少の考察が必要だが難しくはない．）直線 $-bx+ay+c'z=0$ が点 $A[x_0:y_0:z_0]$ を通ることから $-bx_0+ay_0+c'z_0=0$ が満たされる．$z_0 \neq 0$ という仮定より，$c' = \dfrac{bx_0-ay_0}{z_0}$ であり，これを代入して求めると直線は

$$-bx + ay + \frac{bx_0 - ay_0}{z_0}z = 0$$

分母を払って

$$-bz_0 x + az_0 y + (bx_0 - ay_0)z = 0 \tag{1.6}$$

と求まる．

さて，$z_0 \neq 0$ の場合にはこれでよいが，それ以外の場合も考察しておこう．$z_0 = 0$ の場合には x と y の係数が 0 になる．したがって，$bx_0 - ay_0 \neq 0$ のときには式 (1.6) は $z = 0$ となり無限遠線であることになる．このことの図形的意味を考えてみよう．つまり平面上の直線 ℓ と無限遠点 $A[x_0:y_0:0]$ に対して，A を通り ℓ に直交する直線を図形的にどのように解釈すればよいかという問題である．実際に，もう一つの直線 $m: y_0 x - x_0 y + d = 0$ を考える．（ただし d は定数とし，ℓ と直交していないものとする．）この直線上を自由に動く点 A があるとし，A を通り直線 ℓ に直交する直線を考えることができる．点 A を m にそって無限遠点へ動かすと $[x_0:y_0:0]$ へと行くが，そのとき ℓ に直交する直線は根こそぎ（？）無限遠点へ行き，直線としては無限遠線となる．

$z_0 = 0, bx_0 - ay_0 = 0$ の場合にはどうか．これは，上の喩えでいうと，直線 m が ℓ と直交している場合にあたる．このときには，A を通る ℓ の垂線は $-bx + ay + d = 0$ という形で得られ，点 A が無限遠点になったときもそのことは変わらない．したがって，この場合には垂線は定まらない（定数 d の選び方の任意性が残る）ので不定ということになる．実際，式 (1.6) に $z_0 = 0, bx_0 - ay_0 = 0$ を代入すると零直線になる．

定理 1.10（**垂線の方程式**）　直線 $\ell: ax + by + cz = 0$ と定点 $A[x_0:y_0:z_0]$ が与えられたときに，点 A を通り，直線 ℓ に直交する直線の方程式は

$$-bz_0 x + az_0 y + (bx_0 - ay_0)z = 0 \tag{1.6}$$

である．この式は零拡張可能である．

次に平行線について考えよう．直線 $\ell : ax + by + cz = 0$ と定点 $A[x_0 : y_0 : z_0]$ が与えられたときに，点 A を通り，直線 ℓ に平行な直線の方程式を考えよう．ただし，A が直線 ℓ 上の場合には，ℓ 自身が求める直線であるものとする．求める直線の式を $a'x + b'y + c'z = 0$ であるとする．まずは点 A が平面上の点である場合を考える．すなわち $z_0 \neq 0$ の場合である．直線 $\ell : ax + by + cz = 0$ の方向ベクトルは $(b, -a)$ であり，求める直線の方向ベクトルは $(b, -a)$ に平行である．このことから，

$$a : b = a' : b'$$

であることが分かる．今は $a' : b' : c'$ が知りたいので，仮に $a' = a, b' = b$ とおくことができる．直線 $ax + by + c'z = 0$ が点 $A[x_0 : y_0 : z_0]$ を通ることから $ax_0 + by_0 + c'z_0 = 0$ が満たされる．$z_0 \neq 0$ という仮定より，$c' = \dfrac{-ax_0 - by_0}{z_0}$ であり，これを代入して求める直線は

$$ax + by + \frac{-ax_0 - by_0}{z_0}z = 0$$

分母を払って

$$az_0 x + bz_0 y - (ax_0 + by_0)z = 0 \tag{1.7}$$

と求まる．

垂線のときと同じように，$z_0 = 0$ の場合は 2 つに場合分けされる．$z_0 = 0$ かつ $-ax_0 - by_0 \neq 0$ の場合には，$a' = b' = 0$ とみなしてよく，求める直線は $z = 0$，すなわち無限遠線である．

$z_0 = 0, -ax_0 - by_0 = 0$ の場合，$A[x_0 : y_0 : z_0] = [b : -a : 0]$ は直線 ℓ 上にあると考えられるので (確認は容易である) 求める直線は ℓ 自身であると考えられるが，一方で，ℓ と平行な任意の直線はすべて A を通り，求めるべき条件を満たしていることになり，解は不定であることになる．代数的にも，式 (1.7) に $z_0 = 0, -ax_0 - by_0 = 0$ を代入すると零直線が得られるので整合性があると考えられる．

以上をまとめると，

定理 1.11 (平行線の方程式)　直線 $\ell : ax + by + cz = 0$ と定点 $A[x_0 : y_0 : z_0]$ が与えられたときに，点 A を通り，直線 ℓ に平行な直線の方程式は以下で与えられる．

$$az_0 x + bz_0 y - (ax_0 + by_0)z = 0 \tag{1.7}$$

この式は零拡張可能である．

平行線とは無限遠点を共有するような直線のことであることに注意すれば，この作図公式には別の導出法がある．直線 $\ell : ax + by + cz = 0$ の無限遠点は $[b : -a : 0]$ である．与えられた点 $A[x_0 : y_0 : z_0]$ を通るという条件から $[b : -a : 0]$ と $[x_0 : y_0 : z_0]$ を結んで，

$$(-az_0 - 0 \cdot y_0)x + (0 \cdot x_0 - bz_0)y + (by_0 - (-a)x_0)z = 0$$

を得る．これは式 (1.7) と同等である．

1.2.14　実射影平面における角度，角の二等分線

平面において 2 直線 $ax + by + c = 0, a'x + b'y + c' = 0$ のなす角は次のように求める．直線 $ax + by + c = 0$ の方向ベクトルは $(b, -a)$，直線 $a'x + b'y + c' = 0$ の方向ベクトルは $(b', -a')$ であるので，そのなす角を θ とすると，余弦定理より

$$\cos^2 \theta = \frac{(aa' + bb')^2}{(a^2 + b^2)(a'^2 + b'^2)}$$

と求まる．この式の分母は平面直線に対しては 0 にならないことを注意しておこう．

2 直線の一方が無限遠線であったとすると，この式はどうなるだろうか? 単に $a = b = 0$ を代入することはできないので，a, b を同時に 0 へ近づけることを考えよう．そのためにパラメータ t と定数 p, q を考え，$a = pt, b = qt$ とおいて，t を 0 に近づけたときの極限を考えよう．

$$\frac{(aa' + bb')^2}{(a^2 + b^2)(a'^2 + b'^2)} = \frac{(pta' + qtb')^2}{((pt)^2 + (qt)^2)(a'^2 + b'^2)}$$
$$= \frac{(pa' + qb')^2}{(p^2 + q^2)(a'^2 + b'^2)}$$

おや，という感じではあるが，パラメータ t が消えてしまった．したがって，t を 0 へ近づけたときの極限は最後の式と等しくなることが分かる．このことから，a, b を 0 に近づけるときの極限は p, q の値に依存することが分かり，θ は不定であると結論できる．

2直線が平行である場合はどうだろうか．このときは方向ベクトルが平行だということであるが，計算を簡単にするために方向ベクトルが等しいとして計算しよう．このときは

$$\cos^2 \theta = \frac{(a \cdot a + b \cdot b)^2}{(a^2 + b^2)(a^2 + b^2)} = 1$$

となり $\theta = 0$ であると結論できる．図形的に考えるとどうだろうか．1つの直線を固定し，その直線上にない点 X を固定しよう．第2の直線が点 X を通るものとすると，2直線の角度はどうなるだろうか．平面内で交わるときにはなす角は正であるが，第2の直線を動かして2直線が平行になるようにすると，2直線の交点は無限遠点へと移動し，その角度は限りなく小さくなっていく．このことから，2直線が平行である場合は，そのなす角が 0 であるという自然な帰結を得る．

次に角の2等分線を考えよう．通常は「角とは端点を共有する2つの半直線である」と定義し，この角を2等分する半直線を考える．しかしここでは2直線を考え，その交点 (実射影平面では2直線は必ず交わる) においてなす角を2等分するような2つの直線を考えることにする．

そこで，改めて角の2等分線を「2直線への距離が等しいような点の集合」と定めることにして，その式を算出する．与えられた2直線を $a_1 x + b_1 y + c_1 z = 0, a_2 x + b_2 y + c_2 z = 0$ とし，求める直線上の点 $[x : y : z]$ が満たすべき条件を求めよう．

与えられた2直線のほうは平面上では $a_1 x + b_1 y + c_1 = 0, a_2 x + b_2 y + c_2 = 0$ という式で表される．一方で実射影平面上の点 $[x : y : z]$ は平面上の点 $\left(\dfrac{x}{z}, \dfrac{y}{z}\right)$ と対応する．(ただし $z \neq 0$ の場合.)

この点から2つの直線への距離はそれぞれ

$$\frac{\left|a_1 \dfrac{x}{z} + b_1 \dfrac{y}{z} + c_1\right|}{\sqrt{a_1^2 + b_1^2}}, \quad \frac{\left|a_2 \dfrac{x}{z} + b_2 \dfrac{y}{z} + c_2\right|}{\sqrt{a_2^2 + b_2^2}}$$

であって，この 2 つが等しいことから求める方程式は

$$\frac{\left|a_1\dfrac{x}{z}+b_1\dfrac{y}{z}+c_1\right|}{\sqrt{a_1^2+b_1^2}} = \frac{\left|a_2\dfrac{x}{z}+b_2\dfrac{y}{z}+c_2\right|}{\sqrt{a_2^2+b_2^2}}$$

$$\frac{|a_1x+b_1y+c_1z|}{\sqrt{a_1^2+b_1^2}} = \frac{|a_2x+b_2y+c_2z|}{\sqrt{a_2^2+b_2^2}}$$

$$\pm\sqrt{a_2^2+b_2^2}(a_1x+b_1y+c_1z) = \sqrt{a_1^2+b_1^2}(a_2x+b_2y+c_2z) \qquad (1.8)$$

と得られる．この式は x,y,z の 1 次式であるから直線を表し，かつ $\pm$ の記号がついているので 2 つの直線を与えていることが分かる．このことは与えられた 2 直線に対してその角の 2 等分線が 2 本引けることを意味している．

与えられた 2 直線が平行である場合はどうなるだろうか．簡単のために $a_2 = a_1, b_2 = b_1$ であるとしよう．(もしそうでなくとも，適切に定数倍して調節すればこのような関係式を満たすように変形することができる．) これを角の 2 等分の式に代入してみると，

$$\pm\sqrt{a_1^2+b_1^2}(a_1x+b_1y+c_1z) = \sqrt{a_1^2+b_1^2}(a_1x+b_1y+c_2z)$$

となり，これを整理すると

$$\begin{cases} \sqrt{a_1^2+b_1^2}(c_1-c_2)z = 0 \quad \text{または} \\ \sqrt{a_1^2+b_1^2}(2a_1x+2b_1y+(c_1+c_2)z) = 0 \end{cases}$$

であって，さらに整理すると

$$\begin{cases} (c_1-c_2)z = 0 \quad \text{または} \\ a_1x+b_1y+\dfrac{c_1+c_2}{2}z = 0 \end{cases}$$

となる．$c_1 \neq c_2$ とすると第 1 式は無限遠線である．第 2 式は与えられた 2 直線の間に等間隔に並ぶ平行線であることが分かる．

問 1.2.3 以上のことを検証せよ．

このことは，2 直線の交点が連続的に無限遠点へ動く状況を考えると図形的にも比較的容易に理解できる．

$c_1 = c_2$ の場合には，もともとの 2 直線は一致する．このときは，第 1 式のほ

うは不定ということになり，第 2 式のほうは元の直線と一致する．このことも読者への問として残しておこう．

与えられた 2 直線のうちの 1 つが無限遠線である場合はどうだろうか．式 (1.8) に $a_2 = b_2 = 0$ を代入すると

$$\sqrt{a_1^2 + b_1^2}\, c_2 z = 0$$

となり，これは無限遠線である．（z の係数が 0 にならないことを読者は確認して欲しい．）

1.2.15　2 円の交点

2 つの円 $C_1 : a_1(x^2+y^2)+b_1 xz+c_1 yz+d_1 z^2 = 0, C_2 : a_2(x^2+y^2)+b_2 xz+c_2 yz+d_2 z^2 = 0$ の交点を求めよう．これは $x^2 + y^2$ の項を消去してしまえば，あとは直線の方程式になるので，前の公式が使える．実際に $(C_1) \times a_2 - (C_2) \times a_1$ を計算して $z (\neq 0)$ で割ると，

$$(b_1 a_2 - a_1 b_2)x + (c_1 a_2 - a_1 c_2)y + (d_1 a_2 - a_1 d_2)z = 0$$

を得る．これを式 (1.5) に代入すればよい．（最終的な式は長くなるので省略する．）

1.2.16　複素射影平面

実際の対話式幾何ソフトウエアでは複素数を使った射影平面，つまり複素射影平面を利用する．この節ではまず複素射影平面の定義を述べる．

x, y, z を複素数とし，すべてが同時に 0 になってしまわないものとする．そのときに $[x : y : z]$ という比を考えることができる．したがって，0 でない複素数の定数 t に対して

$$[x : y : z] = [tx : ty : tz]$$

である．この枠組みは実射影平面とほとんど変わらない．ただ用いられる数の範囲を複素数にしただけである．

注意をしておかなければいけないが，ここで述べている複素射影平面は「平面」と名前がついているが，実 2 次元の空間ではない．複素数 2 つ分の自由度がある

ので, 実数 4 つ分の自由度があり, そういう意味で実 4 次元の図形である. 複素数全体を平面と対応させて複素数平面ということがあるが, 複素射影平面とは次元の異なる別物である.

複素数を用いなくとも幾何ソフトウエアを作成することは十分に可能であると思われるが, 次のような理由により, 複素数の特性を利用したほうがよい.

それは,「円と直線の交点」「円と円の交点」の作図公式における平方根の取り扱いである. 数を実数の範囲で考えていると, 平方根の中の式が負になるときが「作図できない状態」となる. (実際に描画面でも作図できないのでそれでよいという考え方もあろう.) しかし, 数の範囲を広げて複素数とし, 平方根の中の式が負になる場合には「複素数の成分を持つ」と考えることにより, 作図公式としての代数的性質をより生かすことができ, 理論的に包括的な処理ができる場合もある.

もっとも, 複素数を導入しても避けられない「例外中の例外」もある (次章でゆっくり解説する) ので, 複素数がすべてを解決するわけではないことを注意しておく.

また, 作図ソフトウエアを円錐曲線 (放物線・双曲線・楕円) まで拡張するのであれば, 円錐曲線同士の交点を求めるときに 4 次方程式を解かねばならず, 複素数を用いたほうが便利である.

1.2.17 複素射影平面における作図公式

さて, 複素射影平面においても,「点」「直線」「円」などの幾何学的対象を考え,「2 点を結ぶ直線」「2 直線の交点」「垂線・平行線」「角の 2 等分線」などの作図手順を考える. ただし, ここでは複素数ならではの新しい公式を見出すのではなく, ある一定の要件を満たすように拡張することを考える. そのために「実である」という概念を導入する.

定義 1.12 (1) 複素射影平面の点 $[x:y:z]$ が実であるとは, ある実数 x_0, y_0, z_0 が存在して $[x:y:z] = [x_0:y_0:z_0]$ となることである.

(2) 複素射影平面の直線とは複素数 a, b, c に対して $\{[x:y:z] \mid ax + by + cz = 0\}$ のこととする. 複素射影平面の直線が実であるとは, ある実数 a_0, b_0, c_0 が存在して, $\{[x:y:z] \mid a_0 x + b_0 y + c_0 z = 0\}$ と表せることである.

(3) 複素射影平面の円とは複素数 a, b, c, d に対して $\{[x:y:z] \mid a(x^2+y^2) +$

$bxz + cyz + dz^2 = 0$} のこととする．複素射影平面の円が実であるとは，ある実数が a_0, b_0, c_0, d_0 が存在して，$\{[x:y:z] \mid a_0(x^2+y^2) + b_0 xz + c_0 yz + d_0 z^2 = 0\}$ と表せることである．

複素射影平面の作図公式が次の条件を満たすとき，これを自然な拡張とよぶことにする．

定義 1.13 (**自然な拡張**)　もし与えられた複素射影平面の作図公式について，与えられる点・直線・円が実であるならば，作図公式によって得られる図形も実であり，かつ実射影平面のときの作図公式と同一のものが得られるとする．このときこの作図公式は自然な拡張であるという．

一般に，作図公式が整式または平方根を含む式で与えられている場合，複素射影平面の場合にも同じ式によって作図公式を与えれば，それは自然な拡張になっている．

1.3　作図決定論と動的問題

1.3.1　動的問題とは何か

シンデレラの作者であるリヒター＝ゲバートとコルテンカンプは対話式幾何ソフトウエアには 2 種類の問題があると述べている．1 つは前の節で紹介した「作図評価における特異的な場合の絵に関する静的問題」である．もうひとつは，図を連続的に動かすときに発生する動的問題である．

対話式幾何ソフトウエアにおいて，点・直線・円などの幾何要素は「自由に動かせるもの」と「作図評価によって定まるもの」の 2 種類ある．概して，前者を自由要素，後者を従属要素という．ソフトウエアのなかで，自由要素はマウスドラッグによってユーザの恣意で動かすことが許されている．マウスドラッグによる移動を連続的なものととらえるときに，作図評価によって従属要素も連続的に移動することが要請される．

「2 点を通る直線」や「2 直線の交点」のように作図評価によって一意的に定まる従属要素には問題はないが，「直線と円の交点」や「円と円の交点」のように作図評価によって複数の作図がありうる場合に問題が起こる．複数の作図候補のう

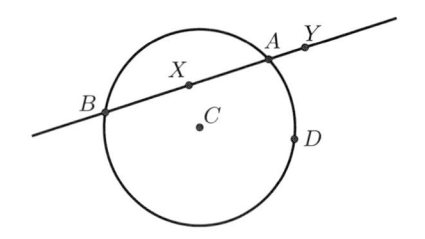

図 **1.14** 円と直線の交点

ちどちらかを選択指定することになるが,「自由要素が連続的に変化するときに作図評価によって従属要素も連続的に移動する」という要請を満たすように「選択することができるかどうか」が問題になる.これが動的問題である.

動的問題の解決のために,作図評価によって複数の作図がありうるような作図手順の場合,各要素に付加的な情報を追加することにより,複数の選択肢のうちから論理的に一つに決定できる方法を追求することも重要である.このような決定を**大域的決定**という.これはすなわち自由要素の位置にかかわらず,作図評価を1つに決定できることを意味する.

次の例で大域的決定の可能性について考えてみよう.

1.3.2 円と直線の交点の大域的決定

中心が C で点 D を通る円を考え,これを円 $\mathcal{C}$ とする.円 $\mathcal{C}$ 内の点 X を考える.(X は円の中心ではないものとする.)X を通る直線 m を考えるとこれは円 $\mathcal{C}$ と二回交わる.この一方を A とし,もう一方を B とする (図 1.14).

この図を構成する作図手順は追加情報なしでそのまま書くことにすると,おそらく次のようになるだろう.

1: 点 C, D を自由要素の点とする.
2: 円 $\mathcal{C}$ は点 C を中心とし D を通るような円であるとする.
3: 点 X, Y を自由要素の点とする.
4: 直線 m は X, Y を通る直線であるとする.
5: 点 A は円 $\mathcal{C}$ と直線 m の交わりであるとする.
6: 点 B は円 $\mathcal{C}$ と直線 m の交わりであるとする.

この作図手順は上の図を正確に表しているといえるだろうか？ 5 行目と 6 行目はまったく同じ手順ではないのか？ それでも上の図を正確に表しているといえるだろうか？

そこで，作図手順に情報を追加することにより，二者択一の任意性を減らす方法を考えてみよう．簡単に思いつく方法の 1 つは 6 行目を次のようにすることである．

6: 点 B は円 $\mathcal{C}$ と直線 m の交わりであって，A とは等しくないものとする．

直線 m と円 $\mathcal{C}$ とが接していたらこの文言はどれほど意味があるかはわからないが，ともかくこのように情報を付帯させることにより，選択肢の任意性を狭めることができることが分かる．ここで重要なことは，「その行以前の作図手順により定まっている情報をもとに付帯条件をつける」ということである．

この状況で動的問題と大域的決定の両方を考えてもらいたい．考える必要があるのは 5 行目であることは明らかだが，3 つの提案をするので，その是非を考えてもらいたい．

1.3.2.1　第一の提案

(提案 1)
5: 点 A は円 $\mathcal{C}$ と直線 m の交わりであって，右上 (もしくは右，もしくは上) のものとする．

このように書くと読者の多くはバカげた提案だと思うかもしれないが，よく考えるとそうでもない．つまり，直線 m と円 $\mathcal{C}$ の交点を数値的に求め，その x 座標の大きいほうを A に (もしくは y 座標の大きいほうを A に) せよ，というのが提案である．もう少し具体的に言うと，直線と円の交点の作図公式は複号をもつ平方根を式の一部に含んでいた．そのプラスのほうを A とせよ，というのがこの提案である．

しかし，この方法は図を連続的に動かしたときに不都合を起こすことが分かるだろう．図で点 Y を点 X の周りに半回転させることを考えよう．

こうすると，前図から連続的に図を動かすことによって A と B とを容易に交

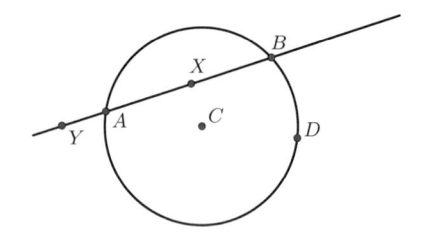

図 1.15 円と直線の交点

換することが可能である．このことから連続性を優先するのであれば「座標成分の大小」や「平方根の符号」で点を指定することは不都合だということが分かるだろう．したがってこの考え方は以降却下する．

1.3.2.2 第二の提案

(提案 2)

5: 点 A は円 C と直線 m の交わりであって，X からみてベクトル XZ の正の方向にあるものとする．

直線には向きを考えることができるので，それぞれの直線に何らかの方法で向きを定めるという考え方は自然な発想であろう．2 点で決まる直線であるならば，その 2 点を始点・終点とするようなベクトルを考えて，そのベクトルをもとに点 A を決定することは合理的である．

図 1.14 と図 1.15 においては，点 A は「X からみて Y のある方の交点」という意味で，大域的に決定できているといえるだろう．提案 1 との差を比較してほしい．

この提案について，いくつか決め事をしなければいけない．まずは「垂直な直線」や「平行な直線」の場合の向きの決め方である．例として図 1.16 は「点 C を通る直線 AB に平行 (垂直) な直線」の絵であるが，もとの直線 AB の向き (この場合は A から B のほうへの向き) に対応して平行 (反時計回りに垂直) な直線にも向きを一意的に定めることが可能であることが分かると思う．この向きは内在的なデータであって，ソフトウエアを利用する者には明示されなくとも良いものである．

もう 1 つの決め事は「角の 2 等分線の向きの決め方」である．角の 2 等分線に

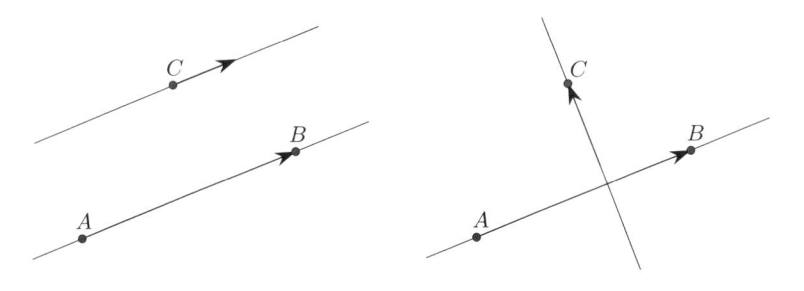

図 **1.16**　平行線・垂線の向きの例

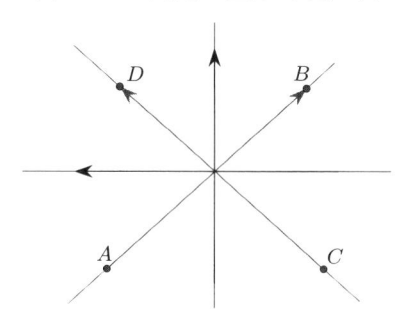

図 **1.17**　角の 2 等分線の向きの例

は二者択一の任意性があるのだが，それは後で考察することにすれば，元からある直線の向きから一意的に 2 等分線の向きを定めることが可能である．このとき，角の 2 等分線は「直線 AB と直線 CD のなす角の 2 等分線」のように，2 直線の順番も考慮に入れていることに注意しておこう．

この状況で，具体的に「向きを表すデータをどのように取り扱うのが良いか」も考えておこう．直線のデータは $ax+by+cz=0$ という 1 次式であることはすでに述べた．この 1 次方程式の表す直線の方向ベクトルは $(b,-a)$ または $(-b,a)$ である．ここで方向ベクトルは 2 つあるわけだから，その選び方を $(b,-a)$ であると定めることにより，「直線の向き」をデータに含めることが可能であることが分かる．そうすると，2 点 $X[x_1:y_1:z_1], Y[x_2:y_2:z_2]$ を結ぶ直線の向きを XY の方向で定めたとすると，公式

$$(y_1z_2 - y_2z_1)x + (z_1x_2 - z_2x_1)y + (x_1y_2 - x_2y_1)z = 0 \tag{1.3}$$

は正しく向きを与えているだろうか？そのことを検算してみよう．簡単のために

$z_1 = z_2 = 1$ とおくと，この式は

$$(y_1 - y_2)x + (x_2 - x_1)y + (x_1 y_2 - x_2 y_1)z = 0$$

である．上の約束によると方向ベクトルは $(x_2 - x_1, y_2 - y_1)$ となり，これはベクトル XY を与えていることが確認できる．

前節の平行線・垂線の作図公式は (じつは) この向きで定められていることが確認できるだろう．(このことは読者への宿題とする．)

角の 2 等分線の向きを図 1.17 に合うように決めるには作図公式をどのようにすればよいだろうか? このことも読者への宿題とする．ちなみに，コルテンカンプは博士論文 [3] の中で「角の 2 等分線・4 等分線・8 等分線 … と順に考えていくことにより，かならず大域的に向きが決定できない分線が現れてしまう」という定理を数学的に証明している．この定理はこの第二の提案が数学的に破綻していることを意味している．詳しくは命題 1.14 で説明する．

1.3.2.3　第三の提案

第三の提案は，大域的に決定することを一旦放棄して，ソフトウエアを作成する上での自然なあり方を実現したものである．以下では，自由要素を動かすことを前提として，ソフトウエア上でいくらかの「微小時間の刻み」を設定し，各刻みごとに自由要素の座標を読み取り，作図評価を行うものと仮定する．

(提案 3)

5: 点 A は各時刻における「寸前の時刻における A の座標」を基準に考える．自由要素を移動することによる図の連続変形については，各時刻で「寸前の時刻における点 A」の近くにあるほうの交点を A とする．

点 A の座標は自由要素の座標を変数とする整式 (または無理式) で表現されている．このことから自由要素を連続的に動かせば点 A も連続的に変化する (その数学的な理由を考えてみよ)．このことを利用して，時刻を細かく区切ることによって，自由要素の移動に伴う直線と円の交点の動きを連続的に捉えようというわけである．

たしかにこの方法で図 1.14 から図 1.15 へ動かしたときには，点 A は滑らかに円上を動き，点 A は左側へと動くと考えられる．

この方法はユーザーの望んでいる動きを保障するものであり，もっとも合理的に動的問題を解決すると読者は考えるかもしれないが，問題がまったくないわけではない．第一に円と直線の交点の個数が接したり交わらなくなったりした場合の処理についてである．第二に円の半径が 0 になってしまったような場合の処理についてである．第二の提案は円と直線の位置関係にかかわらず，交点が存在しさえすればどちらが A であるかを決定する大域的な方法を与えていた．しかし第三の提案は，時間の動きとともに点 A の動きを追跡する方法であるから，2 交点が合流 (たとえば直線が円に接するということ) したり，あるいは交点がなくなってしまう (つまり座標が実数でなくなってしまう) 場合の追跡についてもルールを定めておく必要がある．

実際には次のように考えればよいだろう．まず，円と直線の交点が (平面上に) なくなってしまった場合の処理についてであるが，この場合には依然として実数ではない (つまり虚数成分をもつような) 座標の点として円と直線の交点を 2 つ得ることができる．その 2 つのうちから，寸前の時刻の A の座標に近いほうを点 A の座標とすればよい．このような意味で，計算範囲を複素数へと広げておくことによって例外処理をしなくてすむという利点を確認することができる．

問題は円と直線が接してしまう瞬間の処理である．コルテンカンプはここでも複素数を用いた解決法を提案している．その方法を解説しよう．

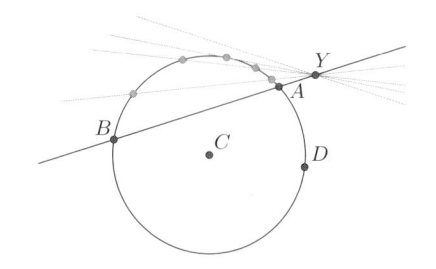

図 1.18　直線を動かして円との交点を解消する

次のような場面を考えてみよう．図 1.14 からはじめて，今度は点 X を動かして円と直線が交わらない位置まで移動することを考える (図 1.18)．このとき，円と直線の交点は一瞬同じ場所へと合流し，そのあとで平面上からは消える．

このように点 X や直線 m を動かす場合でも，完全に連続的に動かすわけでは

なく，その刻みごとの X の座標を計算し，全体の作図評価を行うことはいうまでもない．したがって，われわれは「直線と円とが接する場面に実際に遭遇する確率は 0 である」と考えるのである．したがって，「不幸な偶然さえなければ直線と円との交点が 1 つになってしまうことはない」．そこで，1 つの刻みから次の刻みへ写るときに「複素数平面を通過する」のがコルテンカンプの提案した方法である．

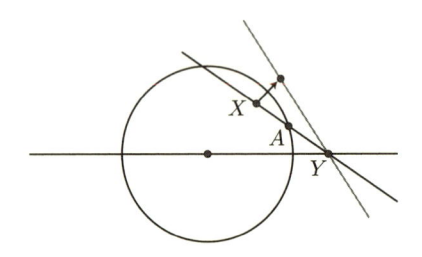

図 1.19 接する状況を避ける例

具体例で説明しよう．今，円を $x^2+y^2=1$ とし，自由要素 $X(0.6, 0.6), Y(\sqrt{2}, 0)$ を考える（図 1.19）．これが次の瞬間（時間刻み）に $(0.8, 0.8)$ へと移動したとしよう．そして直線と円の交点の 1 つを A とする．ずいぶん点 X の動きが大きいようだが，話をわかりやすくするためであって，実際にはもっと小刻みであることはいうまでもない．

このとき，X が直線 $x+y=\sqrt{2}$ 上にくれば直線と円とは接してしまう．点 X を実数成分にしている限りは，かならず $x+y=\sqrt{2}$ の上を通り過ぎてしまうことは自明である．現実には X の x 成分を 0.6 から 0.8 へ，X の y 成分を 0.6 から 0.8 へと動かせばよいので，複素数平面上に中心 0.7，半径 0.1 の下半円（図 1.20）を描き，の半円にそって点 X の座標を動かすことを考える．（実際には半円にいくつかの中継ポイントを置き，X をそこを経由して移動させる．）

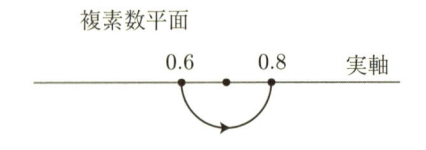

図 1.20 X の座標を虚数にとる

こうすれば，点 X は $x+y=\sqrt{2}$ を通らずに $(0.6, 0.6)$ から $(0.8, 0.8)$ へと移

動できることになり，接線の問題は発生しない．点 X の成分が複素数である間は，交点 A の座標も複素数であり，表示することはできない．点 X が $(0.8, 0.8)$ になっても，はやり交点 A の座標は複素数であり，画面に表示することはできないが，それは画面上では直線と円との交点が失われてしまったためである．しかし，作図評価としては連続性を保ったまま点 X を $(0.6, 0.6)$ から $(0.8, 0.8)$ へと動かすことに成功していることが分かるだろう．

実際に点 X をこの方法で動かしたときの点 A の座標を具体的に求めてみよう．

点 X の座標を $(0.7 - 0.1\cos\theta - 0.1\sin\theta i, 0.7 - 0.1\cos\theta - 0.1\sin\theta i)$ とする．こうすると，$\theta = 0$ のときは $(0.6, 0.6)$ であり，$\theta = \pi$ のときには $(0.8, 0.8)$ であるが，$0 < \theta < \pi$ の時には点 X は複素数の世界を漂うことになる．以後簡単のため $a = 0.7 - 0.1\cos\theta - 0.1\sin\theta i$ とおこう．つまり $X(a, a)$ である．直線 XY の式は $ax + (\sqrt{2} - a)y - \sqrt{2}a = 0$ である．円 $x^2 + y^2 = 1$ との交点は (1.5) に代入して

$$x = \frac{\sqrt{2}a^2 \pm (\sqrt{2} - a)\sqrt{2 - 2\sqrt{2}a}}{2(a^2 - \sqrt{2}a + 1)}$$
$$y = \frac{(-\sqrt{2}a^2 + 2a) \mp a\sqrt{2 - 2\sqrt{2}a}}{2(a^2 - \sqrt{2}a + 1)} \quad (1.9)$$

である．最初にこの式で $a = 0.6$ である場合を考えると，根号の中身は正の実数であって，求める点は実在することが分かる．図 1.19 にならって，x 成分の大きなほうを点 A としよう．つまり，式 (1.9) で x 成分の複号が $+$，y 成分の複号が $-$ の場合を A とする．さて，$a = 0.7 - 0.1\cos\theta - 0.1\sin\theta i$ の θ を 0 から π へと動かしたときに点 A を追跡できるかどうかが課題であった．

式 (1.9) における根号以外の部分はこの場合「2 つの交点のどちらを選ぶか」という問題に関係しないので，根号の部分を考えることにする．根号の中身の部分だけを計算すると

$$2 - 2\sqrt{2}a = 2 - 2\sqrt{2}(0.7 - 0.1\cos\theta - 0.1\sin\theta i)$$

であるが，偏角と絶対値を求めて，ド・モアブルの公式を用いてこの平方根を考えると，図 1.21 のようになっている．

問 1.3.1 図 1.21 を適当な CAS(数値計算ソフトウエア) を用いて描画して

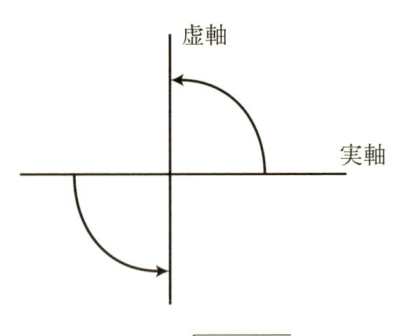

図 1.21 $\pm\sqrt{2-2\sqrt{2}a}$ の軌跡

みよ．

　図 1.21 を精密に観察してみよう．$a=0.6$ のときは $2-2\sqrt{2}\times 0.6$ は正であって，$\pm\sqrt{2-2\sqrt{2}\times 0.6}$ は実数 (1 つは正でもう 1 つは負) であった．$a=0.8$ のときは $2-2\sqrt{2}\times 0.8$ は負であって，$\pm\sqrt{2-2\sqrt{2}\times 0.8}$ は純虚数である．もしこれを $a=0.6$ から 0.8 へ実軸にそって移動したとすると，どこか (0.7 あたり，正しくは $\frac{\sqrt{2}}{2}$) で $2-2\sqrt{2}a$ は 0 になってしまって，「2 つの交点が重なる」という事態になる．しかし，今は a を複素数平面を使って回り道させているので，$\pm\sqrt{2-2\sqrt{2}a}$ は 0 のまわりをおおよそ円を描きながら 4 分の 1 回転して純虚数 ($\pm\sqrt{2-2\sqrt{2}\times 0.6}$ から $\pm\sqrt{2-2\sqrt{2}\times 0.8}$) へと到達しているのである．このようにして，重根を回避して実数解から複素数解への自然な移動を行うことができた．

　点 X の話に戻ると，$a=0.6$ での X について，x 成分については正の平方根を，y 成分については負の平方根を採択していたので，この軌跡曲線に沿って $\pm\sqrt{2-2\sqrt{2}a}$ を評価すれば (＝値を決めれば)，接線にかかわるトラブルは発生せずに $a=0.8$ での X の値を決めることができる．実際に，$a=0.8$ の時には x 成分については虚軸の正の部分にある純虚数を，y 成分については虚軸の負の部分にある純虚数を採用できることが分かるだろう．

　さて，今は $a=0.7$ の近くで接線にかかわるトラブルが発生することがわかっていたので，このような計算になった．一般の場合に，近くに接線にかかわるトラブルがあるのかないのかを判定する必要があるだろうか？この点に関する筆者の想像でしかないが，シンデレラでは，自由要素を移動するときにはいかなる場

合にもこの「複素数平面を通過させる」方法を取っているのかもしれない．計算量が極端に増えないのであれば，その方法で問題はないと考えられる．もしくは KidsCindy と同じように点の成分が虚数から実数へ，実数から虚数へ変わるときにのみこのような「パラメータを複素数平面へ迂回する」という作業を行うのかもしれない．(それでも同じように動作する．)

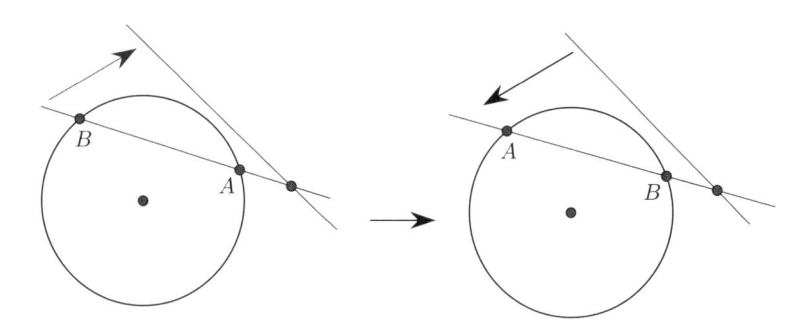

<figure>

図 **1.22**　交点の名前が入れ替わる現象
</figure>

ここで，もう 1 つの話題がある．今は，$a = 0.7$ あたりにトラブルがあって，0.6 から 0.8 へ迂回するのに「0.7 を時計回りに迂回」したのであるが，時計回りに通る必然性があるだろうか？この点についてシンデレラ (または KidsCindy) で面白い実験ができる．図 1.22 のような図を書き，直線と円の交点を A, B とする．直線を一度円から離して，再び交わるようにすると，交点の名前が入れ替わる．実際試してみると何回試してもそのようになるので，たまたまそうなるのではなく，そのように設計されていることが分かる．読者にはなぜだか分かるだろうか？どのような目的でこうなっているのだろうか？

じつはこの現象は「直線と円が接するトラブルを避けるためにいつでも複素数平面を時計回りに迂回する」というアルゴリズムを採用していることに起因している．

図 1.23 を見てほしい．図 1.21 で解説したように，円と交わっていた直線が交わらない位置まで動くとき，その判別式の平方根の部分は図 1.21 のように動く．図 1.23 の左図がそれと同じものである．ところが，円と交わっていない直線が交わる位置まで戻るとき，その判別式の平方根の部分は図 1.23 の右図のように戻るのである．これは「複素数平面を時計回りに迂回する」というアルゴリズムが原因である．このことから，直線を一度円から離してまた戻すと，交点の名前が入

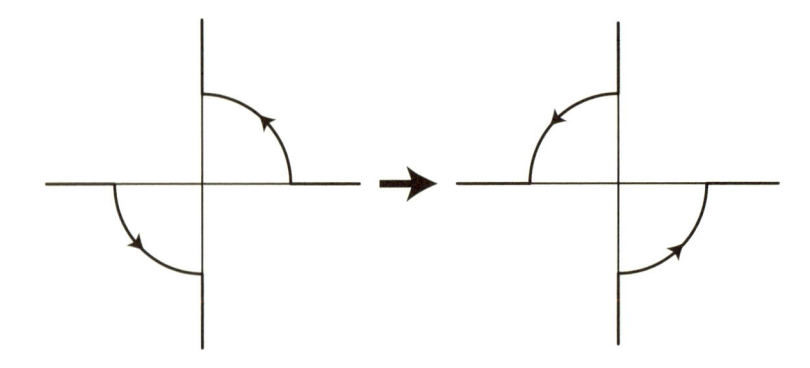

図 1.23　$\sqrt{D}$ の動き

れ替わるのである．

　この現象は複素数を用いた代数的な観点からすれば，自然な出来事であるといえるかもしれない．しかし一方で，「直線と円の交点が戻ってきたときに名前が入れ替わっているのは感覚にあわない」と考える人もいるだろう．

　図 1.23 をもう一度見てみよう．直線と円の交点が戻ってきたときにもとの名前をつけるような仕様にしようとするならば，「行くときは時計回りに迂回」「戻るときは反時計回りに迂回」と使い分ける必要がある．このことをパラメーターの迂回によって実現するためには，「直線と円の交点の座標が実数から複素数に変わる場合」と「座標が複素数から実数へと変わる場合」を正しく判定して，それぞれの場合に適切に交点の番号を割りふる必要がある．

　このことを「正直に」実現することは実は困難である．というのは，自由要素を動かすことによって，多数の円と多数の直線が同時に動き，しかも交点が消えたり生まれたりしているような状況を作ることが可能であり，そのような例においては「時計回り」「反時計回り」を割り振ることは事実上不可能であるからだ．簡単な例でも図 1.24 のように直線が動く場合には，どちらに迂回するか判断できなくなってしまう．

　しかしこれはあくまでも「アルゴリズムに正直に」応じた場合であって，計算幾何学的には解決する方法が存在する．しかしそのことは数学の話題ではないのでここでは割愛する．

問 1.3.2　直線や円を動かすことによって直線と円の交点が消滅・出現する状

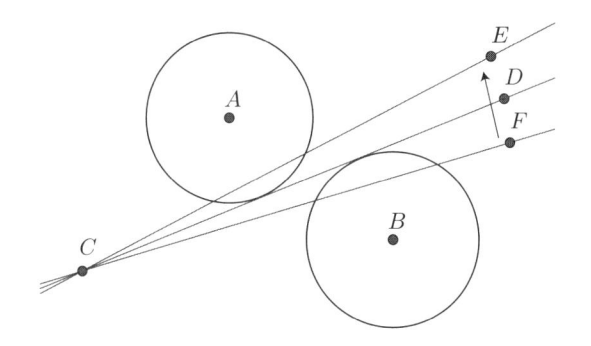

図 **1.24** 迂回する向きに無理がある例

況で,「各交点の座標を追跡する方法で」かつ「戻るときに名前が入れ替わらない」方法を見つけよ.

1.3.3 円と円の交点の大域的決定

直線と円の交点についてはいくつかのアプローチが可能であることを見たが,円と円の交点の場合には,「交点を大域的に指定する方法」について事態は深刻である.まずは「シンデレラ」で紹介された「すれ違う円」の例をみてみよう.

中心 $(0,0)$, 半径 1 の円を O_1 としよう. $-1 \leq t \leq 1$ というパラメータを持つような円 (の族) として, 中心 $(t,0)$ で半径 1 の円を O_2 とする. 円 O_2 はパラメータ t の値によって場所が変化するので, $O_2(t)$ と記述するほうが正確ではあるが, 簡単のために O_2 と書くことにする.

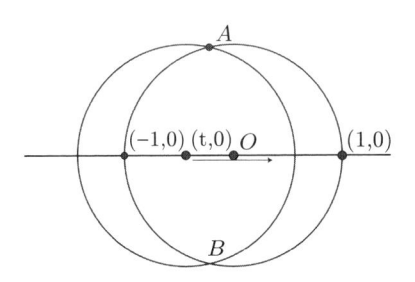

図 **1.25** すれ違う円

もし $t \neq 0$ であるならば, 円 O_1, O_2 は異なる 2 点で交わることはすぐに確かめられる. y 成分が正であるほうを A, 負であるほうを B とよぶことにしよう

(図 1.25)．A, B はパラメーター t によって定まるので，$A(t), B(t)$ と書いたほうが数学的には厳密ではあるが，ここでは簡単のために必要がなければ A, B と書くことにする．幾何ソフトウエアにおいて，ユーザが O_1, O_2 を作図し，その交点として A, B を定めたとしよう．ユーザがマウスドラッグによって，O_2 のパラメータ t を -1 から 1 へと移動することは許される．

このとき，ソフトウエアは $t = 0$ の前後をどのように解釈すればよいかが「すれ違う円」の問題である．$t = 0$ の瞬間は「円と円の交点」は零点となり，作図評価が例外的な状況になる．つまり，$t = 0$ の時には $A(0)$ も $B(0)$ も零点であって，この 2 つの区別がつかなくなる．$t < 0$ のときに「上のほうを A」と決めていたが，$t = 0$ の状況を通過して $t > 0$ になったときに「上のほう」などという指定ができるかどうかを考えよう．自由要素を移動させている間に特異図が発生し，従属要素の選択が連続的に行えるかどうかが問題となっている．

この場合における座標を具体的に計算してみよう．

$$O_1 : x^2 + y^2 - 1 = 0$$
$$O_2 : x^2 + y^2 - 2tx - 1 + t^2 = 0$$

を連立させれば作図公式により交点は

$$[x:y:z] = \begin{cases} \left[t : \pm\sqrt{4-t^2} : 2\right] & (t \neq 0) \\ [0:0:0] & (t = 0) \end{cases}$$

である．これは xy 座標でいえば $\left(\dfrac{t}{2}, \pm\dfrac{\sqrt{4-t^2}}{2}\right)$ であって，「上のほうの交点 $A(t)$」というのは y 座標が正のほう，つまり「平方根の符号がプラスのほう」$A = \left(\dfrac{t}{2}, \dfrac{\sqrt{4-t^2}}{2}\right)$ と特徴付けることができる．この式で $t < 0$ のとき，$t > 0$ のときには正しく「上のほう」を指定していることが分かる．

しかし，直線と円の交点の大域的決定のところで述べたように，複号の選択 (つまり，座標の実部の大小で決定する方法) は大域的な選択にはなり得ない．そこで，他のアプローチを考えなければいけないのである．

1.3.4　円に向きを設定して大域的に定める方法はあるか?

　直線と円の交点の場合には，直線に向きを設定することにより交点に順位をつけることができた．円と円の交点の場合にはどうだろうか?

　これはまず結論から述べなければいけないが，円に向きを入れたとしても，その交点に順位をつけることはできないのである．すれ違う円の場合で説明しよう．

　円 O_1 と O_2 に適当に向きを与えることにする．じつはどのように決めても同じ事態になるので，簡単のために反時計回りになるように決めておくことにする (図1.25)．円 O_2 が左側にある間 ($t < 0$) は，円 O_1 と円 O_2 の点 $A(t)$ における向きは図のようになっている．右側にあると ($t > 0$)，点 $A(t)$ における線の向きの位置関係が逆になっていることが分かるだろう．したがって，$A(t)$ を特徴付けるのに円の向きの位置関係で決定しようとすることはできないのである．

　このことは次の考察からも確認することができる．

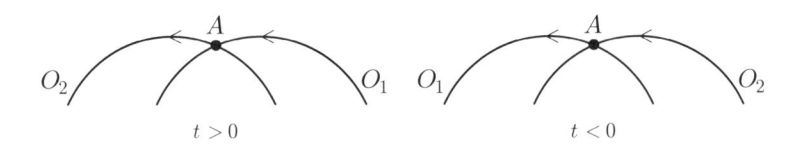

1.3.5　特別な状況を小さく避ける方法

　直線と円の交点の場合では，自由要素の動きに複素数を導入することによって問題となる状況を避けるような経路を設定することにより問題を解決した．この方法をここでも考えてみよう．

　上の例では，円 O_2 の中心を x 軸上の線分の上を連続的に動かして考えた．この「x 軸上の線分」の真ん中あたりを少し動かして原点を通らないようにしたらどうであろうか．$\epsilon > 0$ を正の定数とし，たとえば，$(-1, 0)$ から x 軸に沿って動かして原点の近く $(-\epsilon, 0)$ まで持っていき，そこから，半径 ϵ の半円上を動かして $(\epsilon, 0)$ へと移動し，その後は x 軸に沿って $(1, 0)$ へと移動することを考える．つまり，原点のところで，少しだけよけて通るような経路を考えるわけである (図1.26)．これは真ん中の「よけている部分」が問題になるので，その部分を精密に計算してみよう．

　$\epsilon > 0$ を正の定数とする．円 O_3 を，中心 $(\epsilon \cos(s\pi), \epsilon \sin(s\pi))$ $(-1 \leq s \leq 0)$

で半径 1 であるとする．すなわち原点の周りを下側から小さな円に沿って円 O_3 の中心が移動する状況を考える．

$s = -1$ のときに円 O_3 の中心は $(-\epsilon, 0)$ であって，これは O_2 の $t = -\epsilon$ の場合に該当する．そのときの O_1 と $O_3(-1) = O_2(-\epsilon)$ の交点のうちの「上のほう」は

$$(x,y) = \left(-\frac{\epsilon}{2}, \frac{\sqrt{4-\epsilon^2}}{2}\right)$$

であることは前式より導かれる．一方で，一般の s に対して，O_1 と O_3 の 2 交点を求めると，

$$(x,y) = \left(\cos(s\pi)\frac{\epsilon}{2} \mp \sin(s\pi)\frac{\sqrt{4-\epsilon^2}}{2}, \sin(s\pi)\frac{\epsilon}{2} \pm \cos(s\pi)\frac{\sqrt{4-\epsilon^2}}{2}\right)$$

である．このうち，$s = -1$ のときに「上」にあるものは，

$$(x,y) = \left(\cos(s\pi)\frac{\epsilon}{2} + \sin(s\pi)\frac{\sqrt{4-\epsilon^2}}{2}, \sin(s\pi)\frac{\epsilon}{2} - \cos(s\pi)\frac{\sqrt{4-\epsilon^2}}{2}\right)$$

であり，半周させた後，すなわち $s = 0$ の場合には，

$$(x,y) = \left(\frac{\epsilon}{2}, -\frac{\sqrt{4-\epsilon^2}}{2}\right)$$

となっていることが分かる．

ここまではよろしいだろうか．ここで問題になるのは，O_3 の中心を原点周りに

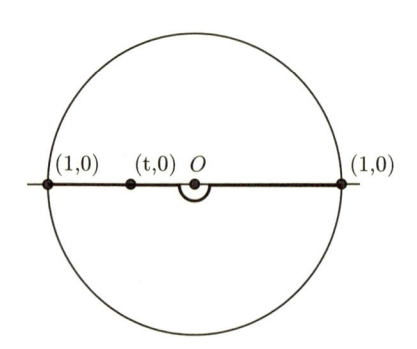

図 **1.26** 経路を少し動かす

小さく半周させると,「上のほう」の交点が「下のほう」へと動いているということである.

このことをきちんとまとめてみよう. 円 O_1 を固定し, 円 O_2 の中心を $(-1,0)$ から $(1,0)$ へと連続的に移動することを考える. もし, 円 O_2 の中心がぴったり原点上を通過するのであれば,「連続性の要請」により,「上のほうの交点」はひきつづき「上のほうの交点」へと引き継がれるのが自然だろう. しかし, もし円 O_2 の中心が円 O_3 のように原点より少しずれたところを通る場合には, 正しい計算により上のほうの交点は下のほうの交点へと「連続的に移動」する. 少しずれたところとはいうが, 計算誤差やユーザーのマウスの動きの誤差を考えると, このことは無視できない現象である.

いまは, 実数の範囲内で「すこしずれた」のであるが, これを円と直線の場合を参考に「複素数の範囲で少しずらす」とどうなるだろうか？ その計算は演習問題にしておくが, 読者は計算してみる前に, 答えがどうなるかを予想してもらいたい. そしてその理由を考えてもらいたい.

問 1.3.3 中心を複素数の範囲で少し迂回させたときには,「上のほう」と「下のほう」の交換は起こるだろうか？

1.3.6 角の 2 等分線の問題

以上で見たように,「円と円の交点」の動的問題はじつに深刻であって, 使う人から見た自然さと代数的な連続性が両立しないことがわかった. しかし, もっとも深刻なのは角の 2 等分の問題である.

コルテンカンプは次のことを指摘している.

命題 1.14 直線にいかなる有限な情報を付帯させたとしても, 角の 2 等分線を連続的かつ大域的に決定する方法はない.

このことは数学的な命題としても興味深いのでその証明を紹介しよう. 1 本の直線に n 種類の選択肢のある付帯情報を持たせているとしよう. 点 A において交差する 2 本の直線 ℓ, m を考え,「角の 2 等分線」を $n+2$ 回作図して, 直線 k を得たことを考える. (それぞれの角の 2 等分線の作図ごとに 2 つの選択肢がある

ので，そのどちらかを適当に選択するものとする．)

この図から，点 A を中心として，直線 ℓ だけを 2^{n+1} 回連続的に回転させることにする．ℓ の回転角は $2^{n+2}\pi$ であり，そうすると k の回転角は ℓ の回転角の $\left(\frac{1}{2}\right)^{n+2}$ であることから，π だけ回転することになり，もとの k にはじめて重なることが分かる．一方で，直線 ℓ は 2^{n+1} 回連続的に回転させる間に (最終回も含めれば) 自分自身と 2^{n+1} 回は重なることになり，そのたびごとに直線 k の位置は異なることが分かる．しかし今，直線 ℓ, m あわせても n^2 通りの付帯情報しかなく，k の可能性は 2^{n+1} 種類ある．$2^{n+1} > n^2$ よりこれらをすべて付帯情報だけで区別することは不可能である．(証明終)

この問題をインターフェース (ソフトを利用する人の使い勝手のよさ) の問題であると考えるならば，直線の式から角の 2 等分線を唯一に決める方法はないとあきらめて，たとえば角を決めるような 3 頂点によって指定された (この場合は唯一の) 角の 2 等分線を描画するようなソフトウエア設計にする必要があるともいえる．

1.3.7　動的問題：内心と傍心

動的問題の最後の話題として，三角形の内心の作図について触れておこう．これはコルテンカンプも論文 [3] で指摘している内容である．

3 直線が作る三角形の内角の 2 等分線により三角形の内心が作図できることは周知のことと思う．そこで，次のような動的問題を考えよう．まず線分 BC を固定する．B を通るような直線 m も固定し，点 A は直線 m 上にあるものとする (図 1.27)．

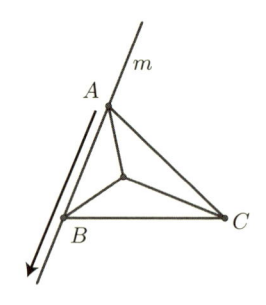

図 1.27　点 A の動きと内心の定義

点 A が図で BC より上にあるとして，3 本の内角の 2 等分線を引き，その交点である内心を作図することができる．

そこで，点 A を直線 m にそって連続的に動かし，辺 BC よりも下になる位置まで動かすことを考えよう．一瞬 A は B と重なってしまうが，その前後で作図が連続的なものになっていれば動的問題はない．

まず角 A の内角の 2 等分線であるが，これは直線 AC と直線 m とのなす角を考えればよいので，この一連の動きによって最終的には角 A の外角の 2 等分線となる (図 1.28)．

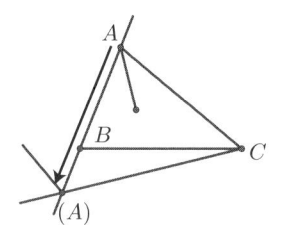

図 **1.28** 点 A の動きと角 A の 2 等分線

次に角 B を考えるが，直線 m も直線 BC も動かないので，内角 B の 2 等分線も動かない．ただし，点 A が下側へ移動するので，B の内角だったところは B の外角と呼ばれるべき位置に来ていることになり，最終的には角 B の外角の 2 等分線となる (図 1.29)．

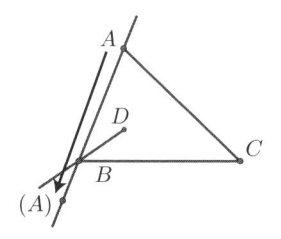

図 **1.29** 点 A の動きと角 B の 2 等分線

最後に角 C であるが，これは線分 AC と AB のなす角であり，AC が AB と一瞬重なり通過することから，角 C の内角は角 BCA であり続ける．すなわち角 C の内角である (図 1.30)．

以上の考察により，点 A が動くことによって，もし動的問題が解決されていれ

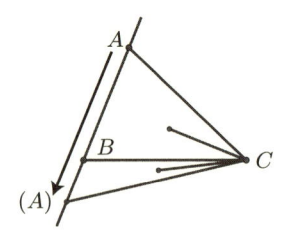

図 1.30 点 A の動きと角 C の 2 等分線

ば，内心は傍心 (= 2 つの外角の 2 等分線と 1 つの内角の 2 等分線の交点) へと移ることになる．

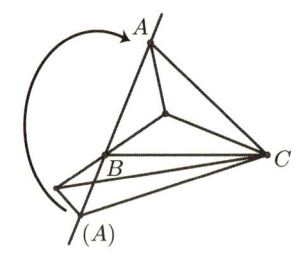

図 1.31 点 A を大回りさせて戻すと傍心は傍心のまま

　さらに，この点 A を図 1.31 のように，B の左側を通るようにしてもとの位置に戻すとすると，こんどは傍心は傍心のままとなってしまう．このことから，連続的に図を変形させることにより，異なる作図を構成することができてしまう．動的問題の観点から内心の作図は大域性をもっていないことが分かる．

　コルテンカンプは次のようなことも心配している．つまり，内角の 2 等分線と外角の 2 等分線は角の 2 等分線の作図公式の複号 $\pm$ のどちらを選択するかという問題に他ならない．この複号のどちらを取るかという問題は連続的かつ大域的には選択できないことが分かっているので，内心 (= 3 つの内角の 2 等分線の交点) の作図を移動しているうちに「2 つの内角の 2 等分線と 1 つの外角の 2 等分線 (3 直線が一堂に会する交点はない)」になってしまう危険性が十分にある．

　幸いにして，シンデレラをはじめとする多くの対話式幾何ソフトウエアにおいては内心が失われてしまうようなものはないようだ．(といってもすべてのソフトウエアを調べてみたわけではないので，願望でもある．)

1.4 自動定理証明機能

1.4.1 実際の動き

シンデレラや GeoGebra などいくつかの対話型幾何ソフトウエアには「自動定理証明機能」が搭載されている．この節では，コンピュータが数学の定理を証明することの裏づけについて考えてみよう．シンデレラはソースコードが公開されていないので，実際にプログラム中でどのようなアルゴリズムが用いられているかは解らない．（ただし，シンデレラの作者のコルテンカンプはそのアルゴリズムの概要を論文 [3] の中で説明している．）Geogebra については，ソースは公開されているが，筆者の不勉強により調査するには到っていない．ここでは平面幾何の機械証明として有名な Wu の方法と，筆者が KidsCindy 開発時に考えたアルゴリズムを中心に解説することにする．

自動定理証明機能の働きを具体例で見ていくことにする．画面上に三角形 ABC を自由な形に書いたとして，辺 BC, CA, AB の中点をそれぞれ D, E, F とおく．3 本の中線のうちの 2 本 AD, BE を結び，その交点を G とおく (図 1.32)．

この G は三角形 ABC の重心であることから，3 本目の中線 CF を描けば，点 G は CF 上になければならない．そこで直線 CF を描画した瞬間に「点 G は直線 CF 上の点である」というようなメッセージが表示される．これが自動定理証明機能である．

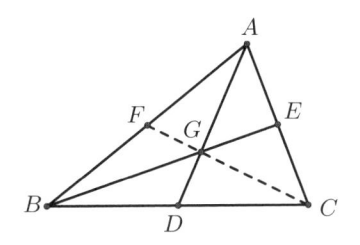

図 1.32　重心の作図

重心の作図を，対話型幾何ソフトの構造である「作図手順・作図評価」の考え方からアプローチしてみよう．ここでは 3 点 A, B, C が「ユーザーが自由に位置を決めることができる」という意味で**自由要素**とよばれる要素である．3 つの中点 D, E, F の座標は三角形から演繹的に一通りに決まる．同様に，2 本の中線

AD, BE の直線の式も演繹的に一通りに定まるので，その交点 G の座標も一通りに定まる．ここまでは計算機に計算誤差があるとしても，ともかく一通りの計算によって一意的に決定できる内容である．

　一方で線分 CF は点 C, F から演繹的に決まる式であり，線分 CF の作図定義の内容に点 G は関係していない．つまり，CF が G を通るかどうかは作図手順の中に記述されているわけではなく，作図評価にもかかわらないことがらである．実際には計算誤差があるので，座標の計算でピッタリ G が CF 上にあるというわけにはいかない．G は線分 CF 上にあると**数学的に考えられる**のであり，そのことを保証するのは**平面幾何学による定理**なのである．

　このように「座標計算上点 G が直線 CF の近くにある」ということと「数学の定理によって点 G が直線 CF 上にある」ということは，計算機にとって独立な事象である．そこで，何らかのアルゴリズム的な方法によって数学的に点 G が CF 上にあることを判定できないかと考え出されたのが「自動定理証明機能」である．

問 1.4.1　次の節へと読み進む前に，読者諸氏は「自分だったらどのようにして自動定理証明機能を設計するか」ということを一度考えて欲しい．

1.4.2　数式処理的なアプローチ

　誰でもが真っ先に考える方法が数式による証明であろう．つまり，具体的な小数を用いた座標計算をするのではなく，最初に与えられた座標成分を文字変数で表し，座標を整式 (またはそれに類する数式) により計算していく方法である．たとえば重心の例であれば次のように考えるのはどうだろうか．(実際には実射影平面での計算をすることになるが，問題を簡単に扱うため，しばらくは座標平面で考えることにする.)　自由要素は三角形の頂点 A, B, C である．そこでその座標を $A(x_1, y_1), B(x_2, y_2), C(x_3, y_3)$ とする．ここで x_1, y_1 などは不定な文字変数であるとし，以降の座標計算をこれらの文字を用いて求めていこうという作戦である．この座標を用いると，順に

$$D\left(\frac{x_2+x_3}{2}, \frac{y_2+y_3}{2}\right), E\left(\frac{x_3+x_1}{2}, \frac{y_3+y_1}{2}\right), F\left(\frac{x_1+x_2}{2}, \frac{y_1+y_2}{2}\right)$$

と計算できる．直線 AD, BE は

$$AD : \left(y_1 - \frac{y_2 + y_3}{2}\right)x + \left(-x_1 + \frac{x_2 + x_3}{2}\right)y + x_1\frac{y_2 + y_3}{2} - y_1\frac{x_2 + x_3}{2} = 0$$
$$BE : \left(y_2 - \frac{y_3 + y_1}{2}\right)x + \left(-x_2 + \frac{x_3 + x_1}{2}\right)y + x_2\frac{y_3 + y_1}{2} - y_2\frac{x_3 + x_1}{2} = 0$$

と得られる．この AD と BE の式を変数 x, y について連立して解くと

$$G : (x, y) = \left(\frac{x_1 + x_2 + x_3}{3}, \frac{y_1 + y_2 + y_3}{3}\right)$$

を得る．一方で CF は

$$CF : \left(y_3 - \frac{y_1 + y_2}{2}\right)x + \left(-x_3 + \frac{x_1 + x_2}{2}\right)y + x_3\frac{y_1 + y_2}{2} - y_3\frac{x_1 + x_2}{2} = 0$$

である．この G の座標を直線 CF の式に代入してみることにより

$$\left(y_3 - \frac{y_1 + y_2}{2}\right)\frac{x_1 + x_2 + x_3}{3} + \left(-x_3 + \frac{x_1 + x_2}{2}\right)\frac{y_1 + y_2 + y_3}{3}$$
$$+ x_3\frac{y_1 + y_2}{2} - y_3\frac{x_1 + x_2}{2}$$
$$= 0 \tag{1.10}$$

を得ることができる．このことにより点 G が CF 上にあることが示される．

問 1.4.2 この計算を検算してみよ．計算の途中で少しズルをしているのを見つけられるだろうか? つまり，整式の分数の形で分母と分子を約分していないだろうか? 約分するためには，約分する因子が 0 でないことが条件である．約分する因子が 0 になるときとはもとの三角形 ABC がどのような形の場合であるかを調べてみよ．

実際に数式処理ソフトウエア (CAS) を用いてこのような整式の計算 (たかだか分数計算) をすることは容易である．実際には計算量を減らすために，$A(0,0)$ などとして変数の個数を減らしたり計算の手順を工夫したりすることが大切なのだが，今の例のように簡単な場合には計算誤差に頭を悩ませることなく「ある意味スパッと」結論を出せることが分かるだろう．

計算がやさしいうちにここまでの要点をまとめておこう．

(1) ここまでの計算は「中点」や「2 点を結ぶ直線」などの作図公式に従って座標の計算を整式レベルで行っている．これら整式の係数は有理数の範囲であり，

次数は有限である．

（2）「点が直線の上にある」かどうかを確かめるのに，直線の式に点の座標を代入することにより確認している．つまり，整式の計算を行ってその式が 0 と一致することを確認して結論を導いている．

このような方法による自動定理証明機能を搭載しようとするならば，（多変数の）整式を操ることのできるような数式処理システムを内包している必要があり，このことは幾何ソフトウエアをプログラムする上での課題の一つであると言える．（幾何ソフトウエア GeoGebra が数式処理システム reduce を含んでいるように，既存のものを組み込んでシステムを構築することを視野に入れるのがよいだろう．）

第 2 の例を考えてみよう．コンパスを利用して 2 点間の中点を求める作図である．

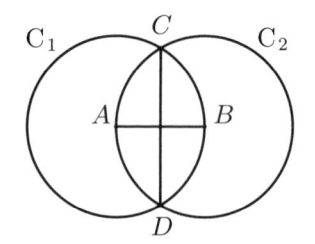

図 1.33 2 点 A, B の中点の作図

$A(x_1, y_1)$, $B(x_2, y_2)$ とする．これにより A を中心として B を通る円 C_1 の方程式は

$$(x^2 + y^2) - 2x_1 x - 2y_1 y - (x_2^2 + y_2^2) + 2(x_1 x_2 + y_1 y_2) = 0$$

である．同様に B を中心として A を通る円 C_2 の方程式は

$$(x^2 + y^2) - 2x_2 x - 2y_2 y + 2(x_1 x_2 + y_1 y_2) - (x_1^2 + y_1^2) = 0$$

である．C_1, C_2 の交点は 2 つあるが，普通に 2 次方程式を解いてこれを求めようとすると無理式 (平方根の中に整式が含まれているような形) を経由することになり，はなはだ不安がある．しかし今の例の場合は 2 交点を通る直線の式を直接求めることができることに気づけば問題は簡単である．つまり $x^2 + y^2$ の項を消去

すればよろしい．円の 2 交点を結ぶ直線の式は

$$2(x_2 - x_1)x + 2(y_2 - y_1)y - x_2^2 - y_2^2 + x_1^2 + y_1^2 = 0$$

である．もとの直線 AB の式は

$$(y_1 - y_2)x + (x_2 - x_1)y + (x_1 y_2 - x_2 y_1) = 0$$

である．この 2 直線の交点を求めると

$$\left(\frac{x_1 + x_2}{2}, \frac{y_1 + y_2}{2} \right)$$

である．これは 2 直線の交点が AB の中点であることを示している．

問 1.4.3 この計算を検算してみよ．ここでもやはり計算をごまかしていることが分かるだろうか？ 約分をするところはないだろうか？ 約分する式が 0 になってしまうような A, B の配置はどのようなものであろうか？

上の計算では円と円の交点を求めるところで，数学的な工夫をすることによって無理式が現れる箇所を回避してしまったが，この点をもう少し丁寧に見てみよう．円の 2 交点 C, D の座標は

$$(X_1 \pm \sqrt{X_2}, Y_1 \pm \sqrt{Y_2})$$

の形で求まることが想定される．ここで X_1, Y_1, X_2, Y_2 は自由要素の座標に由来する変数 x_1, y_1, x_2, y_2 による整式である．前の節でも説明したように，ここで現れるルートの前の複号を大域的に定めることはできない．その意味で，この段階で計算が破たんしていると考えることもできる．

問 1.4.4 とはいえ，実際に X_1, X_2, Y_1, Y_2 の式を求めて，直線 CD の式を求めることができるかどうかを確かめてみよ．

このことから，円と円との交点などのように大域的に決められない要素が現れる場合には，要素の座標を順に解いていく方法はうまくいかない．そこで，作図によって定まるような従属的な要素の座標も文字変数で表すことにして，自由要素の座標の文字変数との間に成り立つ式を連立させることを考えるのがうまいやり方である．これらの連立方程式から加減乗により式変形を行い，結論を与える

ような等式を導出できるかを考えるのである．

そういったやり方の一つとして Wu の方法を紹介する．

1.4.3　Wu の方法

平面幾何の機械証明では Wu の方法が知られている．とはいえ，このことについて本格的に解説をするには紙面が足りない，具体例を用いながら概略を説明する．この方面について興味があれば参考文献として [6] を読むとよい．

前の節で作図により中点を求める際には，自由要素の座標を自由変数として，作図をした順番に座標を求めていった．これでうまくいく場合もあろうが，従属要素の座標を作図する順番に計算すればいつでもうまくいくという法則があるわけではない．自由要素の座標，従属要素の座標を同列に扱い，その関係式を羅列して，そこから最終的に知りたい式 (点が直線上にある条件式など) が導けるかどうかを考えるのである．

つまり，最初の設定で自由な位置におくことができる頂点の座標をまず文字変数 $u_1, u_2, \cdots$ という形でおく．重心の例でいうと，$x_1, y_1, x_2, y_2, x_3, y_3$ が該当し，これをまず $u_1, \cdots, u_6$ とおく．(もっとも，計算の効率化のために，平行移動や回転を前もって行ったうえで，座標に表れる文字変数の個数を減らすことは必要である．たとえば点 A を原点 $(0,0)$ に，点 B を x 軸上の点 $(u_1, 0)$ におくことにすれば，文字変数の個数を 3 つ減らすことができる．)

次に作図手順の途中で現れる点の座標を文字変数 $x_1, x_2, \cdots$ で表す．重心の例では重心の座標 $G(x,y)$ が該当する．(作図の途中で現れる D, E, F の座標に文字変数をあててももちろん構わない．)

こうして，文字変数 $u_1, u_2, \cdots, x_1, x_2, \cdots$ の間に成り立つ関係式をすべて (整式)$= 0$ の形で表す．そうして $h_1 = 0, h_2 = 0, \cdots$ という関係式が得られたものとする．重心の例では AD の式，BE の式が $h_1 = 0, h_2 = 0$ にあたる．

結論としたい式も (整式)$= 0$ の形で表しておく．これを $g = 0$ とする．重心の例では CF の式が $g = 0$ にあたる．こうしておいて，$h_1, h_2, \cdots$ を加減乗することにより $g = 0$ を導出できるかを考えるのが Wu の方法である．

前の節で取り扱った「作図によって中点を求める」方法を検証してみよう．

任意に与えられた 2 点 A, B をまず考える．作図をする場所の回転・平行移動による任意性があるので，自由要素の座標は u_i で記述することに注意してこれら

を $A(0,0), B(u_1,0)$ とおこう.

A を中心として B を通る円 C_1 と，B を中心として A を通る円 C_2 の交点を C, D としよう．このことから，$C(x_1, x_2), D(x_3, x_4)$ とおくと，

$$AB = AC = AD = BC = BD$$

が成り立つ．

そこで $AB = AC, AB = BC, AB = AD, AB = BD$ をそれぞれ式にしてみると，次のようになる．

$$h_1 = u_1^2 - x_1^2 - x_2^2 = 0$$
$$h_2 = u_1^2 - (x_1 - u_1)^2 - x_2^2 = 0$$
$$h_3 = u_1^2 - x_3^2 - x_4^2 = 0$$
$$h_4 = u_1^2 - (x_3 - u_1)^2 - x_4^2 = 0$$

ここで注意したいことは，「円と円の交点を C, D としてその座標を求める」といっているのではなく，「C, D が満たすべき式を羅列しよう」と言っているのである．こうすることによって「式 $h_1, h_2, \cdots$ を設定する」作業から「方程式を解く」作業を排除しているのである．次は AB と CD の交点を $E(x_5, x_6)$ とする．ここで補題を準備しよう

補題 1.15 3 点 $(x_1, x_2), (x_3, x_4), (x_5, x_6)$ が同一直線上にあるとすると

$$x_1 x_4 + x_2 x_5 + x_3 x_6 - x_1 x_6 - x_2 x_3 - x_4 x_5 = 0 \qquad (\star)$$

である．

この式の左辺は 3×3 の行列の行列式 (サラスの公式) を用いて $\begin{vmatrix} x_1 & x_2 & 1 \\ x_3 & x_4 & 1 \\ x_5 & x_6 & 1 \end{vmatrix}$ と書き表すことができることも注意しておこう．サラスの公式については文献 [13] を参照のこと．

証明 もし 3 点が一致していれば，式 $(\star)$ はいつでも成り立つのでよい．もし

3点のうち異なる2点がある場合には，たとえばそれを $(x_1, x_2), (x_3, x_4)$ としてよく．この2点を通る直線上に (x_5, x_6) が乗っているための必要十分条件は

$$(x_3 - x_1)(x_6 - x_2) - (x_4 - x_2)(x_5 - x_1) = 0$$

であって，これは式 ($\star$) と同じ式である．(証明終)

問 1.4.5 (1) 3点が一致していれば，式 ($\star$) はいつでも成り立つことを示せ．(2) 3点のうち $(x_1, x_2), (x_5, x_6)$ が異なる場合にも計算がうまくいくことを確かめよ．

この補題を用いると

$$h_5 = x_1 x_4 + x_2 x_5 + x_3 x_6 - x_1 x_6 - x_2 x_3 - x_4 x_5 = 0$$
$$h_6 = u_1 x_6 = 0$$

を得る．したがって，作図により与えられた条件は $h_1 = \cdots = h_6 = 0$ である．

注意 1.16 h_6 において，点 E が AB 上にある条件は $x_6 = 0$ であろうと早合点する読者がいるかもしれない．(直線 AB は x 軸である，というのがその理由であろう．) しかし，この場合は A, B, E が同じ直線上にあるという条件から補題 1.15 を適用して $u_1 x_6 = 0$ とするのが正しい．$x_6 = 0$ は E が x 軸上にある条件であり，$u_1 = 0$ は A, B が重なっている (したがって E も結果的には重なる) 条件である．この二つのうち少なくとも一方が成り立てば E は AB 上にあることになる．

さて，証明すべき命題は $AE = EB$ であるから，

$$g = x_5^2 + x_6^2 - (x_5 - u_1)^2 - x_6^2 = -u_1^2 + 2u_1 x_5$$

が0となればよい．つまり，$h_1 = 0, \cdots, h_6 = 0$ を加減乗することにより $g = 0$ を導くことができれば，整式の計算により幾何学の定理が証明できたことになる．これは，$h_1 = 0, \cdots, h_6 = 0$ を満たすような任意の $u_1, u_2, \cdots$ に対して $g = 0$ がいつでも成立するという意味である．(実際には，後で見るように「条件つきで」$g = 0$ を証明する流れになる．)

Wu の方法ではこのように得られた式から「三角化された整式系 $f_1, f_2, \cdots$」を

求めるのが第 2 ステップである．すなわち，

　　f_1 は x_1 と $u_1, u_2, \cdots$ の整式

　　f_2 は x_1, x_2 と $u_1, u_2, \cdots$ の整式

　　$\cdots$

　　f_i は $x_1, \cdots, x_i$ と $u_1, u_2, \cdots$ の整式

であるように h_i から加減乗を用いて f_i を求める．(上の例の場合には u_i は u_1 しかないが，一般の場合には $u_1, u_2, \cdots$ と複数個になることにも注意してほしい．)

このような形に変形する理由についてまず述べよう．「f_i は $x_1, \cdots, x_i$ と $u_1, u_2, \cdots$ の整式」であるということは，$f_i = 0$ を $x_1, \cdots, x_{i-1}, u_1, \cdots$ の式を係数とするような x_i についての方程式とみなすことができるという意味である．つまり $f_1 = 0$ は x_1 が $u_1, \cdots$ から決まることを暗示しており (x_1 について代数的に方程式が解けるとは限らないことを念のため注意しておく)，$f_2 = 0$ は x_2 が $x_1, u_1, \cdots$ から決まることを暗示している．

三角化について，まず従属要素の座標成分を表す文字変数 $x_1, x_2, \cdots$ には三角化のための順序がつけられていることに注意すべきである．つまり $x_1, x_2, \cdots$ は適当な順番につけるということではなく，三角化しやすいように (実際には出来るだけ作図手順に従った順番で) 並べることが大切である．暗黙のうちに x_i という文字変数の種類の個数と f_i の個数が一致していることが必要であるように読み取れる．たとえば，作図によって要素が順に定まっていくような場合，新しい要素は必ず既存の要素の方程式の解として得られるので，三角化された形で得られることが分かる．f_i を構成する具体的なアルゴリズムがあることが Ritt の法則として知られているが，この部分について詳細に述べる余裕はないので省略する．多くの場合は目の子で三角化をしているうちにそのように式を立てることができるのが現実である．

問 1.4.6 作図によって要素が順に定まっていくような場合，かならず三角化された形で得られる理由は何か．

ここから式を整理して結論を導く準備として**擬剰余 (pseudo-remainder)** という概念を準備する．

定義 1.17 (擬剰余)　f, g をいくつかの変数からなる整式であるとして，x を

その変数の一つであるとする．x に関する f の次数を $\deg_x(f)$ と書くことにする．変数 x に関する g の最高次数の係数 (したがって x 以外の変数による整式で表わされる．これを主係数とよぶ) を I とおき，$\deg_x(f) - \deg_x(g) + 1$ と 0 とのうちの大きいほうを s と定める．このとき，ある整式 Q, R が存在して，

$$I^s f = Qg + R$$

とあらわされ，R の変数 x に関する次数は $\deg_x(g)$ 未満であるようにすることができる．この R を $\mathrm{prem}(f, g, x)$ と書き，擬剰余とよぶ．

この定義が成立するためには R が整式で与えられることへの証明が必要である．その証明をしておこう．

補題 1.18 上の定義において R は整式である．

証明 もし $\deg_x(f) < \deg_x(g)$ であるならば，$s = 0, Q = 0, R = f$ とおけばよい．

ここからは $\deg_x(f) \geq \deg_x(g)$ を仮定する．整式の割り算で，主係数 I が分母にくることを許容した割り算を考えよう．組み立て除法で f を g で (文字 x について) 割ってみると，$s = \deg_x(f) - \deg_x(g) + 1$ 回商を立てる必要があるが，1 回商をたてるごとに，残った部分には分母に I がかけられることになる．したがって，最終的な余りは，x に関する次数が $\deg_x(g)$ 未満であり，かつ分母に I^s がついている分数式である．このことから，分母を払えば $I^s f = Qg + R$ の形が得られ，R は整式で与えられることが分かる．(証明終)

注意 1.19 擬剰余の定義には，「$I^s f = Qg + R$ となる整式 Q, R が存在するような最小の s を考えたときの R」という流儀もある．この流儀による定義の場合は $0 \leq s \leq \deg_x(f) - \deg_x(g) + 1$ となる．こちらのほうが実際に計算をするうえで計算量を減らしている意味合いがある．

擬剰余を用いて，中点の作図についての三角化を行ってみよう．まず，x_1, u_1 のみからなる式 f_1 が $h_1, \cdots, h_6$ の加減乗で作れるかどうかだが，これは $\mathrm{prem}(h_2, h_1, x_2)$ で得ることができる．f_2 としては，h_1 をそのまま f_2 とすることにより x_1, x_2, u_1 の式になっている．以下同じように考えて，次のように $f_1, \cdots, f_6$ を得ることが

できる．

$$f_1 = \mathrm{prem}(h_2, h_1, x_2) = -u_1^2 + 2u_1 x_1$$
$$f_2 = h_1 = u_1^2 - x_1^2 - x_2^2$$
$$f_3 = \mathrm{prem}(h_4, h_3, x_4) = -u_1^2 + 2u_1 x_3$$
$$f_4 = h_3 = u_1^2 - x_3^2 - x_4^2$$
$$f_5 = \mathrm{prem}(h_5, h_6, x_6) = -u_1 x_2 x_3 + u_1 x_1 x_4 + u_1 x_2 x_5 - u_1 x_4 x_5$$
$$f_6 = h_6 = u_1 x_6$$

問 1.4.7 f_1, f_3, f_5 を定義している擬剰余を実際に検算してみよ．

ここから，

$$R_6 = g$$
$$R_{i-1} = \mathrm{prem}(R_i, f_i, x_i) \quad (i = 6, 5, \cdots, 1)$$

というルールで順次 $R_5, R_4, \cdots, R_0$ を定めていく．

実際に，f_i の x_i に関する最高次数の係数を I_i とおいたならば，擬剰余の定義により，適当な 0 以上の整数 $s_1, \cdots, s_6$ が存在して

$$I_6^{s_6} g = q_6 f_6 + R_5$$
$$I_5^{s_5} R_5 = q_5 f_5 + R_4$$
$$I_4^{s_4} R_4 = q_4 f_4 + R_3$$
$$I_3^{s_3} R_3 = q_3 f_3 + R_2$$
$$I_2^{s_2} R_2 = q_2 f_2 + R_1$$
$$I_1^{s_1} R_1 = q_1 f_1 + R_0$$

と書き下すことができる．これらを順に代入することにより

$$I_1^{s_1} I_2^{s_2} \cdots I_6^{s_6} g$$
$$= I_1^{s_1} I_2^{s_2} \cdots I_5^{s_5} q_6 f_6 + I_1^{s_1} I_2^{s_2} \cdots I_4^{s_4} q_5 f_5 + \cdots + q_1 f_1 + R_0$$

が得られるが，ここで，$I = I_1^{s_1} I_2^{s_2} \cdots I_6^{s_6}$，$Q_6 = I_1^{s_1} I_2^{s_2} \cdots I_5^{s_5} q_6$ などとおいて

いけば,
$$Ig = Q_6 f_6 + Q_5 f_5 + \cdots + Q_1 f_1 + R_0$$
という形の等式が得られることが分かる．いま，$f_1, \cdots, f_6$ は $h_1, \cdots, h_6$ の加減乗で得られたことを思いだすと，$h_1 = 0, \cdots, h_6 = 0$ という仮定の下では $Ig = R_0$ である．式全体を改めて見直すと，整式として (恒等的に) $R_0 = 0$ であれば，$u_1, u_2, \cdots$ の値にかかわらず $g = 0$ または $I = 0$ が得られる．つまり，条件付ではあるが $g = 0$ という結論を得られることが分かる．このことを最初からもう一度まとめてみよう．

命題 1.20 (Wu の方法の流れ) $h_1, \cdots, h_n$ から三角化された $f_1, \cdots, f_n$ と，示すべき式 g が与えられたとして，上の手順により
$$Ig = Q_n f_n + Q_{n-1} f_{n-1} + \cdots + Q_1 f_1 + R_0 \qquad (\star)$$
となる整式 $I, Q_1, \cdots, Q_n, R_0$ が求まり，恒等的に $R_0 = 0$ が示せたとしよう．このとき，$h_1 = \cdots = h_n = 0$ を仮定すると，$I = 0$ または $g = 0$ である．

この命題の意味するところは，Wu の方法の手順により，I と R_0 が求まったならば，まず $R_0 = 0$ であることが定理が正しいために前提となる条件である．$I \neq 0$ であれば命題は証明され，一般に $I = 0$ の場合は，これは「特別な図の場合」に相当するのである．本当にそうなっているか，上の例で具体的に確認してみよう．

$$R_5 = \text{prem}(g, f_6, x_6) = -u_1^2 + 2u_1 x_5$$
$$R_4 = \text{prem}(R_5, f_5, x_5) = -u_1^2 x_2 + 2u_1 x_2 x_3 + u_1^2 x_4 - 2u_1 x_1 x_4$$
$$R_3 = \text{prem}(R_4, f_4, x_4) = -u_1^2 x_2 + 2u_1 x_2 x_3 + u_1^2 x_4 - 2u_1 x_1 x_4$$
$$R_2 = \text{prem}(R_3, f_3, x_3) = u_1^2 x_4 - 2u_1 x_1 x_4$$
$$R_1 = \text{prem}(R_2, f_2, x_2) = u_1^2 x_4 - 2u_1 x_1 x_4$$
$$R_0 = \text{prem}(R_1, f_1, x_1) = 0$$

となり，$R_0 = 0$ が導かれた．ちなみに $I = 4u_1^3 (x_2 - x_4)$ と求めることができる．このことから $I \neq 0$ のときに $g = 0$ であり，すなわち結論の $AE = EB$ は正しいことになる．$I = 0$ のときに，図はどうなるだろうか．これはすなわち $u_1 = 0$

または $x_2 = x_4$ の場合ということになる．実際に $u_1 = 0$ のときは $A = B$ となってしまい，$x_2 = x_4$ のときは $C = D$ となってしまい，図が崩れてしまうことが分かる．

問 1.4.8 上の $R_5, R_4, \cdots, R_1, R_0$ の計算を検算せよ．また，$f_1, \cdots, f_6$ を別の三角化によって設定し，同じように擬剰余により R_0 を導出してみよ．やはり 0 になるだろうか．

せっかくなので，もう少し専門的な用語を交えて考察してみよう．一般的に (多変数からなる) 整式 $h_1, h_2, \cdots, h_n$ に対して

$$(h_1, h_2, \cdots, h_n)$$
$$= \{Q_1 h_1 + Q_2 h_2 + \cdots + Q_n h_n \mid Q_1, Q_2, \cdots, Q_n は整式.\}$$

という集合を考えることができる．(この記号は座標と混同しそうなのでやや注意が必要である．) この集合は $h_1, h_2, \cdots, h_n$ が**生成するイデアル**と呼ばれる．$h_1, h_2, \cdots, h_n$ をこのイデアルの**生成元**であるという．より一般的にイデアルを定義することもできる．専門用語に深入りしない範囲で説明すると，加減乗という演算を行うことができる (かついくつかの条件を満たすような) 集合を**環**と呼び，整式全体の集合は典型的な環の例である．イデアルというのは環の部分集合であって，加減演算がイデアルの中だけで行うことができ，また一般の要素にイデアルの要素をかけた答がイデアルに含まるようなものをいう．ちょうど「＊の倍数」のような感じでとらえればよい．例えば 3 の倍数全体は整数集合の中でイデアルである．なぜならば，3 の倍数同士の足し算・引き算は 3 の倍数になり，任意の数と 3 の倍数を掛けると答は 3 の倍数になるからである．上で定義した集合 $(h_1, h_2, \cdots, h_n)$ もイデアルとしての性質を有している．

いま，$h_1 = 0, \cdots h_n = 0$ が作図手順から得られる等式であるとしたとき，イデアル $(h_1, h_2, \cdots, h_n)$ の要素はすべて 0 になる．このことから，もし定理の結論を表す整式 g がこのイデアルに含まれていれば定理は証明できることになる．

つまり，整式 g がイデアル $(h_1, h_2, \cdots, h_n)$ に属するかどうかを簡単に判定する方法があれば，問題はよりシンプルに解決されることが分かる．

もう少し突っ込んで考えると，今は $h_1 = 0, \cdots h_n = 0$ を満たすような $u_1, u_2, \cdots, x_1, x_2, \cdots$ の値に対して $g = 0$ が導ければよいのであるから，g

の何乗かが $(h_1, h_2, \cdots, h_n)$ に含まれれば十分だということも分かる．極端な例だが，$h_1 = (u_1 - 1)^2$ で $g = u_1 - 1$ だとすると，g はイデアル (h_1) の要素ではない ($u_1 - 1$ は $(u_1 - 1)^2$ の倍数ではないので) が，$h_1 = 0$ を満たす解 $u_1 = 1$ は $g = 0$ を満たしている．この場合には g^2 がイデアル (h_1) の要素である．このように g の何乗かが $(h_1, h_2, \cdots, h_n)$ に含まれることを，「g はイデアル $(h_1, h_2, \cdots, h_n)$ の根基である」という．本質的に我々が示したいのは，この「g は $(h_1, h_2, \cdots, h_n)$ の根基である」の方ではあるが，ここではこれ以上は深入りしない．

ともあれ，「g は $(h_1, h_2, \cdots, h_n)$ の要素である」ことを調べる簡単なアルゴリズムが分かると非常に良いのであるが，そこでグレブナー基底という考え方が有用である．グレブナー基底については参考書 [6] で勉強してほしい．ここでは概略を述べるにとどめる．

イデアル $(h_1, h_2, \cdots, h_n)$ に対して，グレブナー基底と呼ばれる整式の組 $e_1, e_2, \cdots, e_k$ をアルゴリズム的に求めることができる．このグレブナー基底を用いて与えられた整式 g を簡約することによりイデアルへの所属性判定ができる．

このことを少し具体的に説明しよう．整式のそれぞれの項に順序をつけておいて (ふつうは辞書式順序を考える)，一番最初の項に着目する．e_i を順に用いてその一番最初の項を消すように除算を行い余りを求める．この作業を簡約という．この簡約を繰り返した結果，どこかで割り切れて余りが 0 になることと，g がイデアル $(h_1, h_2, \cdots, h_n)$ の要素であることとは数学の定理により必要十分条件である，という仕組みである．このことから，擬剰余を繰り返す方法もグレブナー基底に似ているといえば似ているが，グレブナー基底のほうは数学的になんとなく心強いのである．多くの CAS ではイデアルの生成元からグレブナー基底を計算する関数が組み込まれており，CAS を利用してよいのであれば，作業は容易に完了することになる．

もう一つ注意を付け加えておく．これまでの経緯を見るに，何かしら I という「図が崩れる (退化する) 条件を表す整式」というものが存在することはわかっている．三角化の計算でも

$$Ig = Q_n f_n + Q_{n-1} f_{n-1} + \cdots + Q_1 f_1 + R_0$$

という形の式を立てることを目標としていた．このことから (g ではなく)Ig がイデアル $(h_1, h_2, \cdots, h_n)$ の要素であるかどうかを示すのが最終的な目標となろう．

中点の例では $I = 4u_1^3(x_2 - x_4)$ であり，$Ig = (4u_1^3(x_2 - x_4))(-u_1^2 + 2u_1x_5)$ がイデアル $(h_1, \cdots, h_6) = (f_1, \cdots, f_6)$ に含まれることを示すことが目標となる．$(R_5, R_4, \cdots, R_0)$ を求めることによりこの場合は示すことができた．) もう一言細かいことをいうと「図が崩れる整式 I が存在して，Ig がイデアル $(h_1, \cdots, h_6)$ の根基であること」を示すのが本当の意味での最終目標となる．

問 1.4.9 グレブナー基底を用いた計算において，I を求める方法について調べてみよ．

1.4.4 微動による擬似証明

一方でシンデレラでは数式処理的でない方法を用いている．コルテンカンプの論文から引用する前に，KidsCindy で採用した方法について紹介することにしよう．この方法を KidsCindy で採用した理由は，多変数の整式の数式処理をおこなうシステムを実装する (またはリンクする) 手間を避けるためである．

KidsCindy で採用した基本的アイディアは「数値計算による擬似証明」である．数値計算というのは座標などを小数 (浮動小数点つき実数) で計算することである．平面幾何の定理の証明にわざわざ誤差がつきものの数値計算を行うことはバカげていると思いがちであるが，逆転の発想で成功している方法であるといえる．ただし，後でも述べるとおり，この方法は計算誤差を前提としているので「完全な意味での数学の証明」ではない．

重心の例で説明しよう．3 頂点 A, B, C がたとえば $A(0,0), B(2,3), C(3,1)$ であったとしよう．このとき，作図手順を追うことによって

$$CF : -0.5x - 2y + 3.5 = 0$$

$$G : (1.666666, 1.333333)$$

と求めることができる．(G の座標は計算誤差を強調するためにわざわざ小数点以下 7 位を切り捨てている．) G の座標を CF の式に代入すると，

$$-0.5 \times 1.666666 - 2 \times 1.333333 + 3.5 = 0.000001$$

である．(1.666666 を 1.666667 に取り替えても結果は同じである．)

この計算だけではたまたま 0 の近くなのか，それとも真の値が 0 でその誤差

が見えているのかを区別できない．そこで，Δ として小さな値をとり，$A(0+\Delta_1, 0+\Delta_2), B(2+\Delta_3, 3+\Delta_4), C(3+\Delta_5, 1+\Delta_6)$ を考える．ただしここで Δ_i は $-\Delta, 0, \Delta$ のいずれかであるとする．(組み合わせは $3^6 = 729$ 通り) そのそれぞれの場合について，G の座標を求めて CF の値を計算する．

たとえば $\Delta = 0.01$ として $A(0.01, -0.01), B(2.01, 3.01), C(3.01, 0.99)$ の場合で計算してみる．

$$CF: -0.51x - 2y + 3.5151 = 0$$

$$G: (1.676666, 1.33)$$

であって

$$-0.51 \times 1.676666 - 2 \times 1.33 + 3.5151 = 0.000001$$

となる．ここで閾値 (しきいち) ε を設定し，たとえば $\Delta = 0.01$ よりも十分小さいと考えられる $\varepsilon = 0.00001$ などとする．(これらの値についての評価は後に行うことにする．) そして $A(0+\Delta_1, 0+\Delta_2), B(2+\Delta_3, 3+\Delta_4), C(3+\Delta_5, 1+\Delta_6)$ のすべての組み合わせについて，G の座標を CF の式に代入してみて，その絶対値が閾値 ε より小さかった場合，「点 G は線分 CF 上にある」と判定するのである．

そのための基本的な思想は，もし代数的に整式の加減乗の計算により恒等的に $g = 0$ であることが示せるのであれば，自由要素の位置を Δ だけ微動させてもその値は 0 (またはそれに準ずる誤差) であろうという考えである．

このことをやや数学用語を用いて説明すると，$g = 0$ であることを証明したい整式 g について，自由要素の座標を与える文字変数 $u_1, u_2, \cdots$ による 1 階偏微分・2 階偏微分の差分近似を計算し，それらがすべて十分に 0 に近ければ整式として 0 であると判定しようという考え方である．

問 1.4.10 偏微分の差分近似について本書では解説しないが，読者は自分で調べてみて，上の方法がなぜ偏微分の差分近似を調べたことになっているかを考えてみよ．実際には 2 階偏微分の差分近似よりも余分にデータを調べていることも指摘せよ．

この方法の利点は動的幾何の「作図評価」のモジュールをそのまま転用でき，ソ

フトウエアの規模が小さくて済むことである．一方で欠点としては，誤差評価を伴うので，すべての作図のすべての場合について同じ閾値で通用するわけではないことがあげられる．そのほか，後で説明するように「まんまとだまされる」ことも起こりうる．

閾値の評価をしてみよう．例として，式 (1.10) の左辺を F とおいて，F が 0 になることを，整式の計算をすることなしに調べられるかを考えてみる．

まず，

$$F(x_1, y_1, x_2, y_2, x_3, y_3) = \\ \left(y_3 - \frac{y_1+y_2}{2}\right)\frac{x_1+x_2+x_3}{3} + \left(-x_3 + \frac{x_1+x_2}{2}\right)\frac{y_1+y_2+y_3}{3} \\ + x_3\frac{y_1+y_2}{2} - y_3\frac{x_1+x_2}{2}$$

とおく．ただし，われわれは (1.10) の精密な式を知ることはできず，$x_1, y_1, \cdots$ の値を具体的に与えれば $F(x_1, x_2, \cdots)$ の値を誤差つきで知ることができるものとする．

まず，$F(x_1, x_2, \cdots)$ がどの程度の複雑な計算を含むかを考えて，誤差評価をざっと見てみよう．この本は計算誤差評価の専門書ではないので，非常に荒い議論であることをお許し願いたい．まず，作図全体がそれほど発散しないことを仮定する．すなわち，F の入力の $x_1, y_1, x_2, y_2, x_3, y_3$ の値はもちろん，作図途中に出てくる頂点の座標の値も大きくなりすぎない (たとえば -10 から 10 の間にある) ものと仮定する．また自由要素の座標の値は真の値であると仮定する．(この段階で，有効数字 (たとえば 15 桁) の丸め誤差が入っていると仮定してもよい．) この範囲の数の和・差・積といった演算 1 回あたりの誤差を見積もり，たとえば，これを丸め誤差の 100 倍以内であるとしよう．ひとつの作図公式にたかだか 100 の和・差・積が現れるとし，ひとつの作図に作図公式が 100 回使われているとしよう．たとえば丸め誤差を 10^{-14} とするならば，1 つの作図の最終作図の誤差は 10^{-8} 以内であると考えられる．

このことを勘案して，たとえば $\Delta = 10^{-2}$ とおいて，$F(x_1+\Delta, y_1, x_2, y_2, x_3, y_3)$ と $F(x_1, y_1, x_2, y_2, x_3, y_3)$ とを比較してみる．

$$F(x_1+\Delta, y_1, x_2, y_2, x_3, y_3) - F(x_1, y_1, x_2, y_2, x_3, y_3)$$

$$= \left(y_3 - \frac{y_1+y_2}{2}\right)\frac{\Delta}{3} + \left(\frac{\Delta}{2}\right)\frac{y_1+y_2+y_3}{3} - y_3\frac{\Delta}{2}$$

これは，$(x_1, y_1, x_2, y_2, x_3, y_3)$ における x_1 に関する偏微分係数に Δ を乗じたものである．(これは F が各文字変数に対して 1 次式であるということが理由であり，一般的に成り立つわけではない．また，これをテイラー展開の最初の項 (一次近似) であるとみなすこともできる．) もし $|F(x_1, y_1, x_2, y_2, x_3, y_3)|$ が 10^{-8} 以下であり，$|F(x_1+\Delta, y_1, x_2, y_2, x_3, y_3) - F(x_1, y_1, x_2, y_2, x_3, y_3)|$ が 10^{-10} 以下であるならば，整式 $F(x_1, y_1, x_2, y_2, x_3, y_3)$ は x_1 に関して 2 次以上の項しかないことになるが，一般的な作図においてはそのような確率はきわめて低いので，この場合には F の式中に x_1 は含まれない，と判定するのである．

現実には，$F(x_1-\Delta, y_1, x_2, y_2, x_3, y_3)$ も計算して，2 階偏微分係数まで評価するので，より精度の高い評価を行うことができる．

このことをほかの変数についても行い，整式 F はどの変数も含まない，したがって定数であることを結論するのである．

KidsCindy において，かなり多数の例についてこのスキームが機能するかをテストしてみた結果，複雑な幾何の定理においても正確に判定することに成功した．(判定の失敗も結果が出るまでに時間がかかりすぎることもなかった．) ここで幾何の定理の複雑さと計算量などを評価するべきところであるが，その議論は割愛することにする．

この判定方法は十分な成果を得たと思うが，あえて問題点を挙げるとすれば，ある巧妙な作図手順を行うことにより，0 かどうかを判定すべき式が 3 次以上の項しか持たないように作図されたとすれば，この判定スキームは「まんまと」だまされてしまう．また，正 17 角形の節のところで紹介するような，作図の正しさが三角関数のみたす恒等式に依存する場合などは，実質的にはなにも判定しておらず，三角関数がその公式を誤差つきで満たしていることを確認するにすぎない，ということもありうる．

問 1.4.11 数値計算において「精度保証つき計算」という手法がある．微動による擬似証明にこの手法を取り入れることにより厳密な証明を得ることができるかを検討せよ．

1.4.5 整式の次数から評価する方法

上で説明した方法に似ているが，コルテンカンプの論文 [3] にある方法を紹介しよう．

命題 1.21 $p(x_1, \cdots, x_n)$ を多変数の整式とし，その全次数が自然数 d 以下であるとする．実数 (または複素数) の有限の部分集合 S を，$|S| > d$ であるものとして固定する．任意の $r_1, \cdots, r_n \in S$ (重複があってもよい) に対して $p(r_1, \cdots, r_n) = 0$ ならば，$p(x) \equiv 0$ である．

問 1.4.12 上の命題を証明してみよ．

この方法によって，もういちど

$$F(x_1, y_1, x_2, y_2, x_3, y_3) = \\ \left(y_3 - \frac{y_1 + y_2}{2}\right) \frac{x_1 + x_2 + x_3}{3} + \left(-x_3 + \frac{x_1 + x_2}{2}\right) \frac{y_1 + y_2 + y_3}{3} \\ + x_3 \frac{y_1 + y_2}{2} - y_3 \frac{x_1 + x_2}{2}$$

を検証してみよう．ただし，われわれはこの右辺の精密な式を知ることはできず，$x_1, y_1, \cdots, y_3$ の値を具体的に与えれば $F(x_1, x_2, \cdots, y_3)$ の値を誤差つきで知ることができるものと仮定する．今，何らかの方法で，(だいたいは，作図の複雑さによって計ることができるものだが) この式の全次数が d であることが分かったとしよう．(実際にこの式は 2 次式なので $d = 2$ と考えてよい．) そこで $S = \{0, 1, \cdots, d\}$ とおけば，$|S| > d$ は満たされる．そこで，$r_1, \cdots, r_6 \in \{0, 1, 2\}$ をすべての組み合わせについて考えて，$F(r_1, r_2, r_3, r_4, r_5, r_6) = 0$ を確かめることができれば，実は $F(x_1, y_1, x_2, y_2, x_3, y_3)$ は整式として 0 と等しいことを結論付けることができる．

この方法だと，一回調べるのに $|S|^n$ 回の計算をしなければならない．上の例ならば $3^6 = 729$ 回の計算が必要である．コルテンカンプは次のように少し工夫したバージョンも提案している．(実質的には同じことである．)

命題 1.22 (命題 1.21 の変形) $p(x_1, \cdots, x_n)$ を多変数の整式とし，その x_i に関する次数が自然数 d_i 以下であるとする．実数の有限の部分集合 S_i を，その

要素の個数が $|S_i| > d_i$ であるとする．任意の $r_1 \in S_1, \cdots, r_n \in S_n$ (重複があってもよい) に対して $p(r_1, \cdots, r_n) = 0$ ならば，$p(x) \equiv 0$ である．

こうすると調べる回数は $(d_1+1)(d_2+1)\cdots(d_n+1)$ 回になるため時間が節約できる．上の例だと $2^6 = 64$ 回に減らすことができる．

コルテンカンプの方法は KidsCindy の方法よりは念が入っている．KidsCindy では整式として 1 次の項と 2 次の項が消えていればいいだろうと，いわば大雑把に評価していた．コルテンカンプの方法は，「d 次式の整式だと分かっていれば一応 d 次の項まで調べてみる」という態度である．

もし作図に円が現れず，対象となる $F(x_1, \cdots)$ が有理数係数の整式であると分かっていたのならば，コルテンカンプの方法は完璧である．しかし現実には「円と円の交点」などの無理式を含む形も存在し，結局「$F(x_1, \cdots) = 0$ であるかどうか」を調べるときに計算誤差を考慮に入れて判定しなければいけないという点は KidsCindy の方法と変わらない．KidsCindy の方法は，式 F の次数を評価しないという意味で簡素なスキームであるといえる．

1.4.6　正 17 角形の作図における定理証明

自動定理証明機能についていくつかの方法を提案したが，そのまとめとして，手ごわい問題の例を挙げてみる．読者も独自に試してみるとよい．

コンパスと定規のみによって正 17 角形が作図可能であることを初めて証明したのはガウスであった．ガウス自身は具体的な作図方法を提示しなかった (と伝えられる) が，後にいくつかの作図方法が紹介されるに到った．ここではリッチモンドの方法を紹介し，この方法で正しく正 17 角形が求まっていることを確認しよう．

動的幾何ソフトにおいて，正 17 角形を作図すると，「自動定理証明機能」によって「作図したものは確かに正 17 角形である」と「自動的に判定」されるのが自然だと思うが，そのためには，数式処理で行うならばどのような内部動作が必要であり，数値計算による擬似証明ではどのような内部動作が行われるのかを確認するのがこの節の目標である．

まず，正 17 角形を作図するには，単位長 (1 の長さ) に対して，$\alpha = \cos\dfrac{2\pi}{17}$ が作図できれば十分である．もしくは，複素数のド・モアブルの公式により

$$\left(\cos\frac{2\pi}{17} + \sin\frac{2\pi}{17}i\right)^{17} = 1$$

であることから，方程式 $z^{17} - 1 = 0$ の解を作図できると言い換えることもできる．リッチモンドの方法では，$\cos\frac{6\pi}{17}, \cos\frac{10\pi}{17}$ を作図することにより，正 17 角形を求めている．その方法をたどりながら，そこに現れる座標を計算してみよう．

最初に円を 1 つ固定するが，中心を $O(0,0)$，半径を 1 としても一般性は失われない．以降の作図手順を見れば分かると思うが，一般的に半径を $r > 0$ としたとしても，各係数に r 倍がつくだけで，本質的な計算は変わらないことが分かる．

(作図手順 1) 直径 AB を固定し，AB に直交する半径 OC をとる．ここで，回転による図の任意性により $A(1,0), B(-1,0), C(0,1)$ であるとおいて差し支えない．

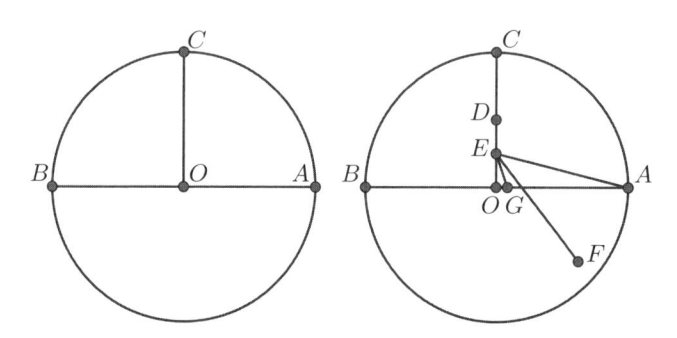

図 **1.34** 作図手順 1, 2

(作図手順 2) OC の中点を D，OD の中点を E とする．ここで，$D(0, \frac{1}{2}), E(0, \frac{1}{4})$ である．引き続いて角 OEA の 2 等分線を EF，角 OEF の 2 等分線を EG とする．ただし G は OA 上にとる (図 1.34)．

まず直線 EA を求める．これは $A(1,0), E(0, \frac{1}{4})$ より

$$EA: x + 4y - 1 = 0$$

である．$OE: x = 0$ より，角の 2 等分線 EF は公式により

$$EF: x + 4y - 1 = \pm\sqrt{17}x$$

となる．このうち，傾きが負のほうがいま該当する 2 等分線なので，

$$EF: (1+\sqrt{17})x + 4y - 1 = 0$$

となる．ここで $a = \dfrac{1+\sqrt{17}}{4}$ とおくと，

$$EF: 4ax + 4y - 1 = 0$$

である．

もう一度角の 2 等分線の公式を用いて，

$$EG: 4ax + 4y - 1 = -\sqrt{16(a^2+1)}x$$
$$: 4\left(a + \sqrt{a^2+1}\right)x + 4y - 1 = 0$$

を得る．ここでも $\pm$ の選択をしなければいけないが，傾きが負であるほうを選択した．さらに $b = a + \sqrt{a^2+1}$ とおけば

$$EG: 4bx + 4y - 1 = 0$$

となる．G はこの直線の x 切片だから

$$G: \left(\dfrac{1}{4b}, 0\right)$$

(作図手順 3) H を OB 上にとり，角 HEG が $\dfrac{\pi}{4}$ であるようにとる (図 1.35)．このためにはまず，E を通る EG の垂線を引く必要がある．

$$EG \text{ の垂線}: -4x + 4by - b = 0$$

このことから，求める EH の式は

$$EH: 4bx + 4y - 1 = -4x + 4by - b$$
$$: 4(b+1)x + 4(1-b)y - (1-b) = 0$$

となる．ここで EH の x 切片が H であるから，$y = 0$ を代入して，

$$H: \left(\dfrac{1-b}{4(b+1)}, 0\right)$$

と求まる．

(作図手順 4) AH を直径とする円を描き，OC との交点を I とする．AH の

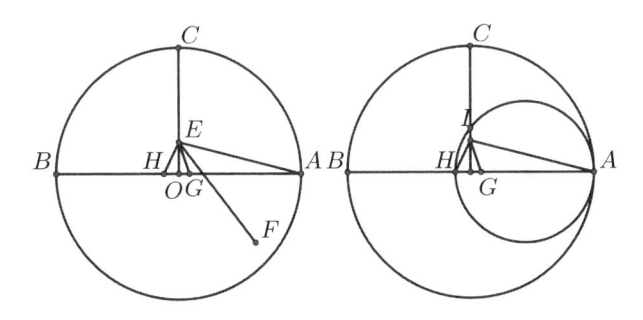

図 1.35　作図手順 3, 4

中点は $\left(\frac{5+3b}{8(b+1)}, 0\right)$ であり，円の半径は $\frac{3+5b}{8(b+1)}$ であるので，点 I の座標は

$$I : \left(0, \frac{\sqrt{b^2-1}}{2(b+1)}\right)$$

(作図手順 5)　G を中心とし，GI を半径とする円を描き，AB との交点を左から J, K とする．GI の長さを計算すると

$$\overline{GI}^2 = \left(\frac{1}{4b}\right)^2 + \left(\frac{\sqrt{b^2-1}}{2(b+1)}\right)^2$$
$$= \frac{4b^3 - 4b^2 + b + 1}{16b^2(b+1)}$$

したがって，J, K は

$$J : \left(\frac{1}{4b} + \overline{GI}, 0\right)$$
$$K : \left(\frac{1}{4b} - \overline{GI}, 0\right)$$

によって与えられる．($\overline{GI}$ の式は複雑なのであえて代入せずにおいた．)

(作図手順 6)　J, K を通るような AB の垂線を引き，それぞれが円上部と交わる点を左から順に L, M とする (図 1.36)．こうすると，リッチモンドによれば点 A から数えて M は 4 番目の点であり，L は 6 番目の点である．このことから，$-\overline{OJ} = \cos\frac{10\pi}{17}$, $\overline{OK} = \cos\frac{6\pi}{17}$ であることがリッチモンドの作図法によって保障された内容である．

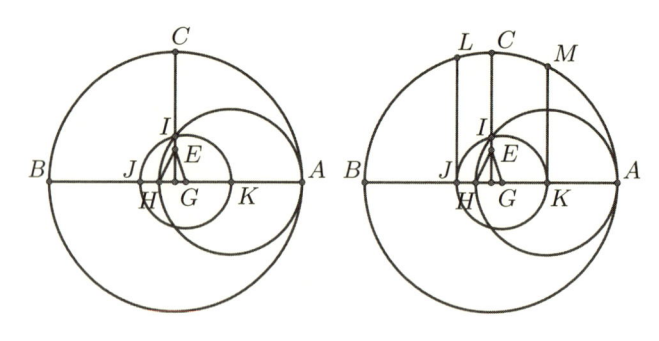

図 **1.36** 作図手順 5, 6

さて，以上のことを自動定理証明機能によって確認するにはどのような計算をすることになるのだろうか？

まず数値計算による方法について検証してみよう．微動による方法 (= KidsCindy 方式) であるか，または特定の値でテストする方法 (= コルテンカンプ方式) によるものとすると，リッチモンドの方法における自由要素は最初の 2 点 A, B のみであり，したがって，この作図の自由度は平行移動と拡大・回転しかない．このことから，$\cos\dfrac{2\pi}{17}$ の近似値 (誤差は閾値内) が得られてしまえば「正しい」と評価が出ることが分かる．M の座標を数値的に求めてみると，約

$$(0.445738355776538, 0.89516329135506232)$$

であるが，これは 100 回以内 (実際に数えてみるとよい) の四則演算と平方根によって求まる数であるから，誤差が微少であることが期待でき，実際にこの値はほぼ $(\cos\dfrac{6\pi}{17}, \sin\dfrac{6\pi}{17})$ と等しい．このことから，この式から三角関数の加法定理を繰り返して 17 倍角の公式を作ったとしても，問題ない程度の制度で数値計算の結果がほぼ真の値であることを認めることができるだろう．

一方でたとえば $\cos\dfrac{6\pi}{17}$ の連分数展開が

$$\cfrac{1}{2+\cfrac{1}{4+\cfrac{1}{9+\cfrac{1}{3+\cfrac{1}{7+\cfrac{1}{2+\cfrac{1}{62+\cfrac{1}{\cdots}}}}}}}}$$

であることから，

$$\cfrac{1}{2+\cfrac{1}{4+\cfrac{1}{9+\cfrac{1}{3+\cfrac{1}{7+\cfrac{1}{2}}}}}} = \frac{1799}{4036} = 0.445738354\cdots$$

はとてもよい近似値であることが分かる．すなわち $\frac{1799}{4036}$ を求めるような作図であれば，この場合には機械は「まんまと騙されて」正 17 角形の作図が完成したと答えるであろう．(もしこれがダメでも次の項まで計算すれば

$$\frac{112380}{252121} = 0.445738355789482\cdots$$

はかなり精度のよい近似値である．)

したがって，リッチモンドの方法によって作図を行い，それが機械によって「正しい」と判定されたとしても，このこと自体には $\frac{112380}{252121}$ と同じ程度の価値しかないわけであって，近似値を確かに求めることができたということを確認するにとどまっているわけである．

それでは，リッチモンドの方法を数式処理的に検証してみよう．点 M の座標について我々が知っている関係式を並べてみよう．点 G の x 座標を c, I の y 座標を d, GI の長さを e, M の座標を (x, y) とすると

$$a = \frac{1+\sqrt{17}}{4}$$

$$b = a + \sqrt{a^2 + 1}$$
$$c = \frac{1}{4b}$$
$$d^2 = \frac{b-1}{4(b+1)}$$
$$e^2 = c^2 + d^2$$
$$x = c + e$$
$$y^2 = 1 - x^2$$

これらをすべて整式に改めよう．ここでは文字 a, b, c, d, e, x, y を用いたが，これはつまり Wu の方法でいうところの $x_1, \cdots, x_7$ に相当する．

$$f_1 = 2a^2 - a - 2 = 0$$
$$f_2 = b^2 - 2ab - 1 = 0$$
$$f_3 = 4bc - 1 = 0$$
$$f_4 = 4(b+1)d^2 - (b-1) = 0$$
$$f_5 = e^2 - c^2 - d^2 = 0$$
$$f_6 = x - c - e = 0$$
$$f_7 = y^2 - 1 + x^2 = 0$$

このようにおけば，このままで $f_1, \cdots, f_7$ は三角化された整式系になっていることを確かめてほしい．これらの式の帰結として

$$g = (x + yi)^{17} - 1 = 0$$

を導ければ成功である．うっかりこれを手で計算しようとして g を f_7 で割る擬剰余を計算しようとすると，

$$-1 + 17x - 816x^3 + 11424x^5 - 71808x^7 + 239360x^9 - 452608x^{11} + \cdots$$

という大変な式が出てきて，手計算で検算できる範囲を超えている．ここは計算機を使うべきところである．一般的な CAS において，「整式の剰余を求

める」という PolynomialReduce という関数をつかえば，(Mathematica だと Last[PolynomialReduce[...]] で得られるのでそのように書いている）

```
f1 = 2 a^2 - a - 2;
f2 = b^2 - 2 a b - 1;
f3 = 4 b c - 1;
f4 = 4 (b + 1) d^2 - (b - 1);
f5 = e^2 - d^2 - c^2;
f6 = x - e - c;
f7 = x^2 + y^2 - 1;
g = (x - y I)^17 - 1;
R6 = Last[PolynomialReduce[g, {f7}, {y}]];
R5 = Last[PolynomialReduce[R6, {f6}, {x}]];
R4 = Last[PolynomialReduce[R5, {f5}, {e}]];
R3 = Last[PolynomialReduce[R4, {f4}, {d}]]*(1 + b)^8;
R2 = Last[PolynomialReduce[R3, {f3}, {c}]]*4 b^17;
R1 = Last[PolynomialReduce[R2, {f2}, {b}]];
R0 = Last[PolynomialReduce[R1, {f1}, {a}]]
```

を実行すればよい．これは大変な計算を経由するが，$R_0 = 0$ であることをはじき出してくれるだろう．途中で分数式にならないように適宜分母を払う作業が必要である．

　CAS におけるグレブナー基底の計算方法について詳細に述べる余裕はないが，たとえば

```
f1 = 2 a^2 - a - 2;
f2 = b^2 - 2 a b - 1;
f3 = 4 b c - 1;
f4 = 4 (b + 1) d^2 - (b - 1);
f5 = e^2 - d^2 - c^2;
f6 = x - e - c;
f7 = x^2 + y^2 - 1;
g = (x - y I)^17 - 1;
```

```
gb=GroebnerBasis[{f1, f2, f3, f4, f5, f6, f7},
   {y, x, e, d, c, b, a}];
Last[PolynomialReduce[g, gb, {y, x, e, d, c, b, a}]]
```

とすると，出力として 0 が得られ，0 が g から始めた帰結式であることが計算されていることが分かる．(PolynomialReduce の最後 (Last[...]) に剰余が表示されるのは Mathematica の仕様である．) 帰結式が 0 だということは，g がイデアル $(f_1, \cdots, f_7)$ に含まれていることと同値なので，この方法で定理が正しいことを証明できたことになる．

ここまでをまとめて，リッチモンドの方法に対して，数式処理的な方法がどのように機能していたかを考えてみよう．作図手順から多変数の整式を立式することができ，Wu の方法やグレブナー基底の考え方で文字を消去し，満たすべき方程式と比較できればよい．多くの場合はこの方法でうまくいくが，作図に静的問題 (角の 2 等分線，円と直線の交点などの作図の選択肢の問題) が含まれることから，作図により求まった点を表す整式が，$\cos\dfrac{2\pi}{17}$ なのか $\cos\dfrac{6\pi}{17}$ なのか $\cos\dfrac{10\pi}{17}$ なのかを判定できない，というところが問題として残る．

自動定理証明機能の一長一短がわかっていただけただろうか．

第 2 章
デジタルカーブショートニング

2.1 写像類群ソフトウエア『てるあき』

　1998 年ころ，北野晃朗さん (当時東京工業大学，現在創価大学) とお茶を飲みながら話をしていて，写像類群の電卓のようなものをコンピュータで作れないか，という話になった．これが縁でパソコンゲーム「てるあき」を開発・発表することになった．このいきさつについては「パズルゲームで楽しむ写像類群入門」[11]で書いたとおりである．

　1998 年当時，筆者はホモトピー，イソトピーといったトポロジーの概念をグラフ理論を経由してコンピュータアルゴリズム化することを研究しており，n 点配置空間の基本群をブレード表示したり，曲面上の閉曲線のフリーホモトピー類を決定したりする，コンピュータアルゴリズムを開発していた．この章では，こういった研究のひとつの成果として，閉曲線のホモトピー類を決定するためのデジタルカーブショートニング問題 (digital curve shortening problem, 以下 DCSPと略す) について紹介をしたいと思う．

　デジタルカーブショートニング問題の問題設定をした後に，三路・四路の場合のデジタルカーブショートニング問題に回答があることを紹介したいと思う．この問題は一見自明な問題のようにも思えるが，解答とその証明を見れば，実は非常に複雑な組み合わせ論の (すなわち数学の) 定理であることが分かると思う．

　この章のあらすじを述べよう．まず，2.2 節ではトポロジーの概念を用意するところから始める．デジタルカーブショートニング問題を理解するためにはトポロジーの基礎知識がなくとも大丈夫であり，トポロジーの概念を用いて問題を解決するわけではない．しかし，この問題の背景にはトポロジーの問題があり，デジタルカーブショートニング問題がトポロジーと正しく対応していることを理解することは重要である．2.2 節の内容は，この本の想定読者である大学 1，2 年生に

とって，やや難しい内容になっている．内容の難しさから 2.3 節以降を読む元気を失ってしまうのは著者の本意ではない．2.2 節は 2.3 節以降のための参考のようなものである．2.3 節から読み始めていただいても一向に構わない．

2.3 節では曲面の多面体分割と被覆空間について解説する．曲面は一般になめらかなものであるが，これを多角形の面に分割することにより，曲面のアナログな (連続的な) 問題をデジタルな (離散的な) 問題へと変換できることが期待される．そのための理論的な準備をする．

2.4 節ではデジタルカーブ (digital curve, 以下 DC と略す) を定義する．これが曲面上の曲線に対応するデジタルな対象である．そして，書きかえ (word rewriting) という概念を紹介する．曲面上の曲線のホモトピーに対応するデジタルな概念とはどうあるべきかについて考察する．その上で，「曲線の長さを漸次短くすることによって，標準的な形を得ることができるか」という問題を考え，その問題設定の上に DCSP があることを説明する．

2.5 節では，トーラスについて，正方格子分割についてのデジタルカーブショートニング問題の解決方法について解説する．いくつかの簡単な例を用いて，デジタルカーブショートニング問題が自明でない問題であることを解説する．

2.6 節，2.7 節では，かなり一般的な状況の (特に，双曲的，非楕円的と呼ばれるような) 多面体分割について，デジタルカーブショートニング問題に解があることを示す．

2.2 曲面上の曲線のホモトピー

この節では写像，曲線といった，位相幾何学で標準的な対象について紹介し，それらの上でのホモトピーについて説明する．

ホモトピーという概念は，位相空間と呼ばれるかなり漠然とした空間で定義することができる (参考文献 [9]) が，この本では目に見える具体的な例ばかりを扱うので，ホモトピーを考える対象となる空間 M はユークリッド座標空間 $\mathbb{R}^3$ の部分集合であるとして話を進める．以降は単に「空間 M」という言い方をすることにする．実際に，2.3 節以降では M として多面体の場合ばかりを考えるので，空間 M として説明するものの最初から多面体を想定すれば十分である．

2.2.1 写像と連続

まず $\mathbb{R}^3$ の部分集合 A, M について写像 $f : A \to M$ を定義しよう．

定義 2.1 (写像) $f : A \to M$ が**写像**であるとは，任意の $a \in A$ に対して $f(a) \in M$ が 1 つに定められているようなルールのことであるとする．

$A = \mathbb{R}$, $M = \mathbb{R}$ の場合を考えてみると，$f : \mathbb{R} \to \mathbb{R}$ とは普通の意味の関数であって，実数 $x \in \mathbb{R}$ に対して，その関数の値 $f(x) \in \mathbb{R}$ が定まっているようなルールのことである．この節では A として単位閉区間や単位正方形の場合を主に考える．それぞれの意味合いについては追って解説することにする．

さて，次に $\mathbb{R}$ 内の点列の収束について説明しよう．点列 $\{x_n\}$ とは，自然数 $n = 1, 2, 3, \cdots$ に対して $x_n \in \mathbb{R}^3$ が定まっているもののことである．この点列 $\{x_n\}$ がある特定の点 $x \in \mathbb{R}^3$ に限りなく近づくことを

$$\lim_{n \to \infty} x_n = x \tag{2.1}$$

と書く．この x を点列の**極限**といい，**点列 $\{x_n\}$ は x に収束する**という．感覚的な理解としては，高校で学習した数列の極限と同じことである．論理記号を用いて書くと，式 (2.1) の正確な定義は

$$\forall \varepsilon > 0, \ \exists N \in \mathbb{N}, \ N \leq n \Rightarrow |x_n - x| < \varepsilon$$

となる．この論理式の意味を理解したければ，参考文献 [5] や [12] を見るとよい．この本を読み進めるためにこの論理式は必要ないが，**極限にも数学的に正確な定義がある**ということは覚えておいたほうがよいだろう．

点列の収束の概念を用いて連続写像を定義しよう．

定義 2.2 (連続写像) $A, M \subset \mathbb{R}^3$ に対して，写像 $f : A \to M$ が連続であるとは，A 内で収束する任意の点列 $\{x_n\}$ に対して，M の点列 $\{f(x_n)\}$ が収束して，

$$\lim_{n \to \infty} f(x_n) = f\left(\lim_{n \to \infty} x_n\right) \tag{2.2}$$

が成り立つことであるとする．

この節では写像を「指差し」で表してみる．いま，集合 A と M を左右に並べ，あなたは「関数 f の役目」を果たすことにしよう．あなたの左手が x_n を指差しているときはあなたの右手は $f(x_n)$ を指差すものとする．

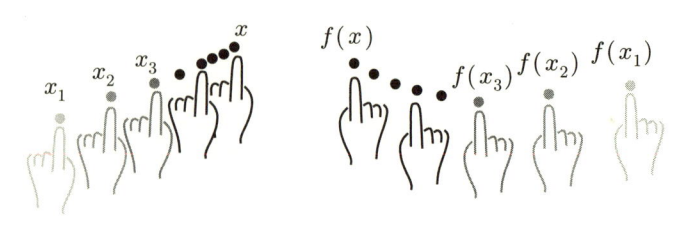

図 2.1 連続写像とはなにか?

A に含まれる点列 $\{x_n\}$ が x に収束しているとしよう．図 2.1 では左側を A であるとし，そこに点列を書き込んである．右側を M として，そこに $f(x_1), f(x_2), \cdots$ を書き込んでみると，$f(x_1), f(x_2), \cdots$ は M の中の点列であることが分かる．

まず

連続条件 1: $f(x_1), f(x_2), \cdots$ は収束する点列である

という条件が成り立っていなければならない．その上で，

連続条件 2: $f(x_1), f(x_2), \cdots$ の極限は $f(x)$ に等しい

という条件も成り立っているとき，f は連続写像であるという．

つまり，左手を点 x に近づけていったとき，右手は $f(x)$ へ近づいていくことが連続の意味である．

2.2.2　M 上の道

連続写像という概念を用いて，この章を通じて大切な概念である**道** (または**曲線**) を定義しよう．ビーチボールや浮き輪のような曲面を頭に思い浮かべて，その上に一筆で書いた線のことを道とよぶことにする．ただし道は途中で切れてはいけないものとする．一筆で書くということから，「書き始めの点」から「書き終わりの点」へ向けて道を書くことになり，自然に道には向きを考えることになる．このことを数学で定式化してみよう．

定義 2.3 (空間上の道)　M を空間，$I = [0, 1]$ を実数上の 0 から 1 までの閉

区間とする．このとき，連続写像 $f: I \to M$ を M 上の**道**という．道のことを M 上の曲線ともいう．

つまりこの定義においては「一筆で書く」という所作を「閉区間 I から M への連続写像」という概念によって説明している．つまり，閉区間 I と空間 M を並べた絵を思い浮かべてみて，左手の人差し指で I をなぞりながら，右手の人差し指でその像 (対応する M 上の点) をなぞることを考える (図 2.2)．写像が連続だということは左手の指を離さずに動かしている間は右手の指も離れないことを意味する．つまり，連続条件 2 を満たすことから，t (左手の指) を動かしているときに $f(t)$ (右手の指) は飛び跳ねてはいけないということを意味している．このことが「一筆で書く」という条件に他ならない．左手の指が閉区間全体をなぞることにより，右手の指は空間 M 上に一本の道を描くことになる．

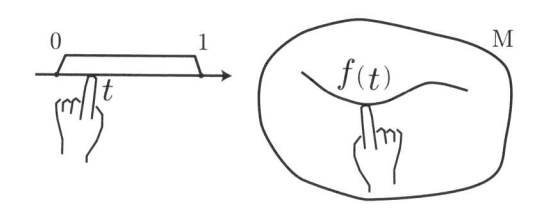

図 2.2 一筆で書くということ

この定義に基づいて考えると，「空間 M 上の道」は無数にあることに気づくだろうか? というのは，空間 M の上に「一筆で書いた線」というものは「線の一部分が少しでも違えば異なる線」であり，その書き方は無数にあるからである．

しかしこれではいかにもとりとめがなく，数学として扱いづらい．そこで少しずつ状況を限定させながら問題設定をしていくことにしよう．その前に，道に関する用語と記号を準備しておく．

定義 2.4 (始点・終点) $f: I \to M$ を M 上の道とするとき，$f(0) \in M$ を道 f の始点と呼び，$s(f)$ と書く．$f(1) \in M$ を道 f の終点と呼び，$t(f)$ と書く．すなわち，$s(f) = f(0), t(f) = f(1)$ であるとする．

始点とは「一筆書きを開始する点」であり，終点は「一筆書きを終了する点」のことである．空間 M 上の 2 点 p, q を選んで固定することにして，次のような集合を考えよう．

定義 2.5 (道の集合)　空間 M と $p,q \in M$ に対して，
$$\Omega(M;p,q) := \{f \mid f : M \text{ 上の道}, \ s(f)=p, \ t(f)=q\}$$
とする．

これはつまり始点を p，終点を q とするような M 上の道全体の集合である．

2.2.3　道のホモトピー

集合 $\Omega(M;p,q)$ にホモトピーという概念を導入する．ホモトピーを一言でいうと (有限時間内の) 連続的変形である．

p を始点，q を終点とするような M の上の道を 2 つ考え，それを f_0, f_1 とする．この 2 つがホモトピーであるかどうかを以下のように定義する．

そのためにまず正方形領域 $I \times I$ を定義する．これは座標平面上の単位正方形領域で
$$I \times I = \{(t,s) \mid 0 \leq t \leq 1, \ 0 \leq s \leq 1\}$$
と表されるものとする (図 2.3)．

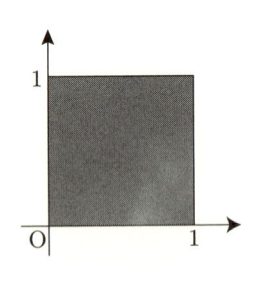

図 2.3　正方形領域

そのうえで道のホモトピーという概念を学ぼう．まずは正式に堅苦しく述べてみる．

定義 2.6 (道のホモトピー)　$F : I \times I \to M$ ($F(t,s) \in M$) が連続写像であって，
$$F(0,s) = p, \ F(1,s) = q \ \ (s \in I)$$

$$f_0(t) = F(t,0), \ f_1(t) = F(t,1) \ (t \in I)$$

を満たすとき，F は f_0 と f_1 の (間の) ホモトピーであるという．ホモトピーであることを記号として $f_0 \underset{M}{\sim} f_1$ と表す．

注意 2.7 任意に与えられた f_0 と f_1 に対していつでもこのような F が取れるわけではない．このことは後述するが，したがって，ホモトピー F が存在するということは f_0 と f_1 との間に何らかのよい関係があると考えられる．このことをホモトピックとよぶ．つまり，f_0 と f_1 とは**ホモトピックである**という．

このことを「指差し」の絵で確認してみよう．今度は手が 3 本必要であるので，友達から左手を一本借りてくる．パラメータ (t,s) を表す領域は座標平面上の単位正方形 $I \times I$ であった．この s 軸上に友人の指を置いてもらう．これがパラメータ s であるとする．この点 s (正しくはパラメータ $(0,s)$) から右方向へ線分を引き，あなたの左手でそれを左 $(0,s)$ から右 $(1,s)$ へと (t を増やすことによって) たどる．

それにあわせて右手のほうでは空間 M の上を点 $p = F(0,s)$ から点 $q = F(1,s)$ までをたどることにする．その経路を $F(t,s)$ とするのである．

友人の指が $s = 0$ のところにあれば，あなたの右手は $f_0(t)$ をたどり，友人の指が $s = 1$ のところにあれば，あなたの右手は $f_1(t)$ をたどるのである．

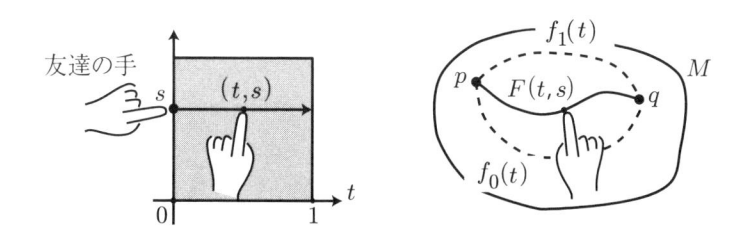

図 2.4 f_0 と f_1 のホモトピー

F が f_0 と f_1 の間のホモトピーである条件は 4 つある．そのことを図 2.4 で検証してみよう．

まず $F(0,s) = p$ であるが，これはつまり，友達の手の位置 s に関わらず，左手が 0 のところ $(0,s)$ にあれば，右手は点 p にあるということを意味する．つま

り，たどり始める点はいつでも p であるということだ．

同じように考えて，$F(1,s) = q$ という式は，これは友達の手の位置 s に関わらず，たどり終わる点はいつでも q だということを意味する．

3つ目の条件式 $f_0(t) = F(t,0)$ は $s = 0$ のときの条件である．友達の指が $s = 0$ にあるときには，あなたの右手は f_0 という道に沿って動くことを条件としているのである．

同じように，4つ目の条件式 $f_1(t) = F(t,1)$ は $s = 1$ のときの条件である．友達の指が $s = 1$ にあるときには，あなたの右手は f_1 という道に沿って動くことを条件としているのである．

こうして考えてみると，道 f_0 と道 f_1 の間には何らかの形で道が埋め尽くされていることになる．このことから，任意に与えた f_0 と f_1 に対して，いつでもホモトピー F が存在するとは限らないことが想像できる．

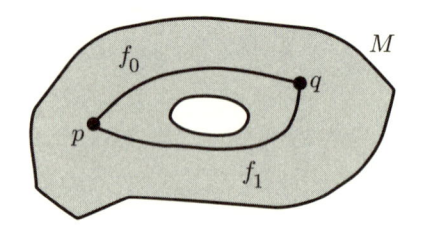

図 2.5　f_0 と f_1 とはホモトピックか？

たとえば，空間 M に大きな穴が開いており，f_0 は穴の上側を，f_1 は穴の下側を通るとしよう．このとき，道 f_0 と道 f_1 の間に道を埋め尽くすことはできない．(穴の上には道がつくれないためである．) したがって，f_0 と f_1 とはホモトピックではない，というのである．

もっともこれらの説明は真に直感的な説明であって，実際に図 2.5 のように M に穴が開いていたとして，f_0 と f_1 とがホモトピックでないことを厳密に証明することは，やや専門的な議論を必要とする．ホモトピックであることを示すには F を具体的に構成して見せればよいのである．一方で，ホモトピックでないことを示すには，「いくつか試してみてできそうにもないので」というような理由は数学では許されない．この場合には，「もしホモトピー F が存在すると仮定して，何かしらの矛盾がおこることを数学的に示してみせる」必要がある．そのためにや

や専門的な議論が必要だといっているのである.

位相幾何学の立場として「ホトモピックな 2 つの道は同じものとみなす」と考える. 数学としては「ホモトピックは同値関係の性質を満たす」ということになる. 同値関係については定義 A.1 を参照のこと. 実際に, ホモトピックは反射律・対称律・推移律をみたすことが示されるので, 同値関係である.

命題 2.8 ホモトピックは同値関係である. すなわち以下の 3 つが成り立つ.

(1) 任意の $f \in \Omega(M;p,q)$ に対して, $f \underset{M}{\sim} f$ である. (反射律)

(2) $f, g \in \Omega(M;p,q)$ が $f \underset{M}{\sim} g$ であるとすると $g \underset{M}{\sim} f$ である. (対称律)

(3) $f, g, h \in \Omega(M;p,q)$ が $f \underset{M}{\sim} g, g \underset{M}{\sim} h$ であるとすると $f \underset{M}{\sim} h$ である. (推移律)

証明 上でも述べたように, ホモトピックであることを示すには F を具体的に構成して見せればよい.

(1) まず反射律である. 任意の道 $f \in \Omega(M;p,q)$ に対して, $f \underset{M}{\sim} f$ であることを示す. これには

$$F_1 : I \times I \to M : F_1(t, s) = f(t)$$

とすればよい.

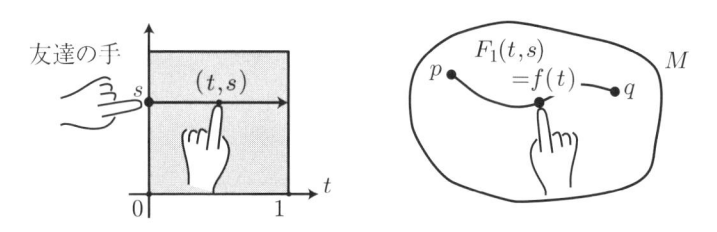

図 **2.6** f と f のホモトピー

感覚的に説明すると, 友達の指 s に関わらず, いつでも $f(t)$ をたどることにすれば, $s = 0$ でも $s = 1$ でも $f(t)$ をたどることになるので, $f \underset{M}{\sim} f$ だということである (図 2.6).

問 2.2.1 上記 F_1 が $f \underset{M}{\sim} f$ を与えていることを確認せよ. すなわち

であることを確認せよ.

（2）二つ目は対称律である. $f, g \in \Omega(M; p, q)$ が $f \underset{M}{\sim} g$ であるとする. すなわち, $F: I \times I \to M$ が連続写像であって,

$$F(0,s) = p, F(1,s) = q, F(t,0) = f(t), F(t,1) = g(t)$$

を満たしているものとする. このとき, F_2 を

$$F_2(t,s) = F(t, 1-s)$$

とすれば, $g \underset{M}{\sim} f$ を与えている.

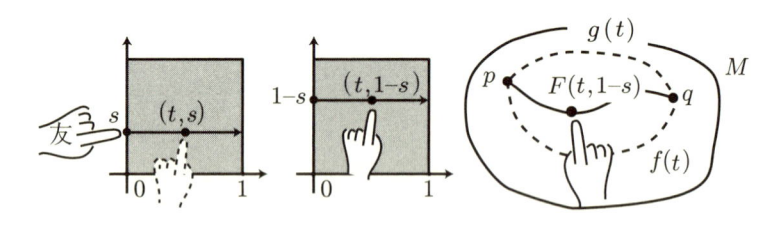

図 2.7 f と g のホモトピー

この定義を直感的に説明するならば, s に関して向きを逆にして, 正方形領域の上下を逆にして考えるということである.

問 2.2.2 上記 F_2 が $g \underset{M}{\sim} f$ を与えていることを確認せよ. すなわち

$$F_2(0,s) = p, F_2(1,s) = q, F_2(t,0) = g(t), F_2(t,1) = f(t)$$

であることを確認せよ.

反射律の証明は次の節まで保留する.

2.2.4 道の積とホモトピー

M 上に 2 つの道 f, g があり, f の終点と g の始点が一致していれば, それらをつないだ長い道を考えることができる. この長い道を f, g の (道の) 積といい,

fg と書く.

このことをまず式を用いて定義しよう.

定義 2.9 (道の積)　2 つの道 $f: I \to M$, $g: I \to M$ が, $f(1) = g(0)$ を満たすとき, すなわち f の終点と g の始点が一致するとき, $fg: I \to M$ を

$$fg(t) = \begin{cases} f(2t) & (0 \leq t \leq \frac{1}{2}) \\ g(2t-1) & (\frac{1}{2} \leq t \leq 1) \end{cases}$$

により定義する.

注意 2.10　$fg(t)$ とは道 fg のパラメータ t における M の点という意味であって, 合成関数 $f(g(t)), f \circ g(t)$ の意味ではない.

この式の意味するところを指差しの絵で考えてみよう.

まず f という道と g という道がある. f の始点を p, f の終点と g の始点が一致していることが条件なので, これを q, g の終点を r とする. f, g それぞれは I から M への写像であるが, 便宜上図 2.8 のように I が二つあって, それぞれから M へと写像があるものと考える.

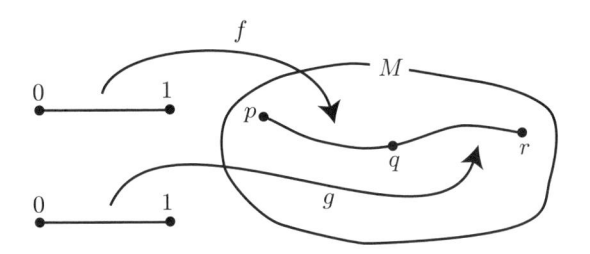

図 2.8　f と g を別々に考える.

ここで再び友達に登場してもらって, もう 1 つの I を用意してもらう. この I が t の住処である.

まず, 友達に 0 と $\frac{1}{2}$ との間に指を置いてもらう. 友達の左手の指すところが t である. $0 \leq t \leq \frac{1}{2}$ のときには, 友達の右手は図の I の $2t$ のところを指差すものとする. ここであなたの出番である. 友達の右が指す $2t$ をあなたの左手が指差

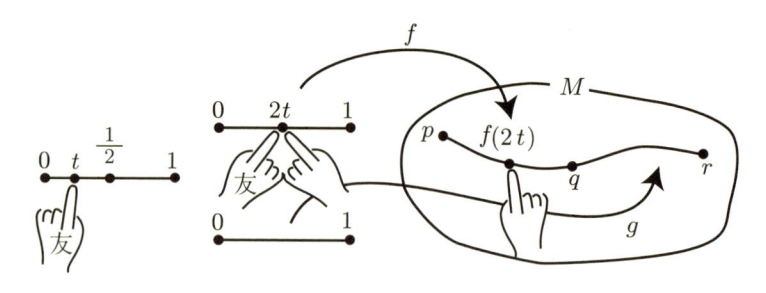

図 2.9 $0 \leq t \leq \frac{1}{2}$ のとき

し，あなたの右手は M の $f(2t)$ を指差す (図 2.9).

今度は友達の左手を $\frac{1}{2}$ と 1 との間においてもらう．このときには，友達の右手は g のほうの I の $2t-1$ を指すことになる．あなたも友達の右手が指差す $2t-1$ と，M の $g(2t-1)$ を指差すことになる (図 2.10).

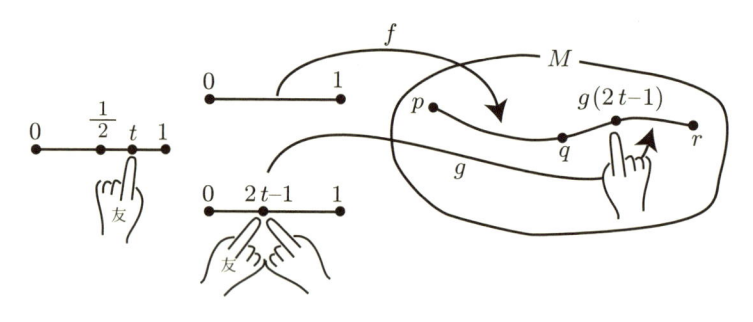

図 2.10 $\frac{1}{2} \leq t \leq 1$ のとき

定義 2.9 の式の意味は以上のとおりである．

前の節で，ホモトピックな 2 つの道は同じものとみなすことを述べた．このことから，次の命題が成り立つことが要請される．式だけをみると難しいようであるが，$\underset{M}{\sim}$ を $=$ に置き換えてみると当然成り立つべき式である．いま，ホモトピックを「同じ」とみなそうといっているのだから，$=$ で成り立つ式は $\underset{M}{\sim}$ で成り立たなければいけないのである．(もちろん証明は必要である.)

命題 2.11 $f_0 \underset{M}{\sim} f_1, g_0 \underset{M}{\sim} g_1$ ならば $f_0 g_0 \underset{M}{\sim} f_1 g_1$ である．

証明 命題の仮定により $f_0 \underset{M}{\sim} f_1, g_0 \underset{M}{\sim} g_1$ であるから，ホモトピー $F(t,s), G(t,s)$

が存在して，

$$F(0,s)=p, F(1,s)=q, F(t,0)=f_0(t), F(t,1)=f_1(t)$$
$$G(0,s)=q, G(1,s)=r, G(t,0)=g_0(t), G(t,1)=g_1(t).$$

このとき，

$$H(t,s) = \begin{cases} F(2t,s) & (0 \leq t \leq \frac{1}{2}) \\ G(2t-1,s) & (\frac{1}{2} \leq t \leq 1) \end{cases}$$

とすればよい．

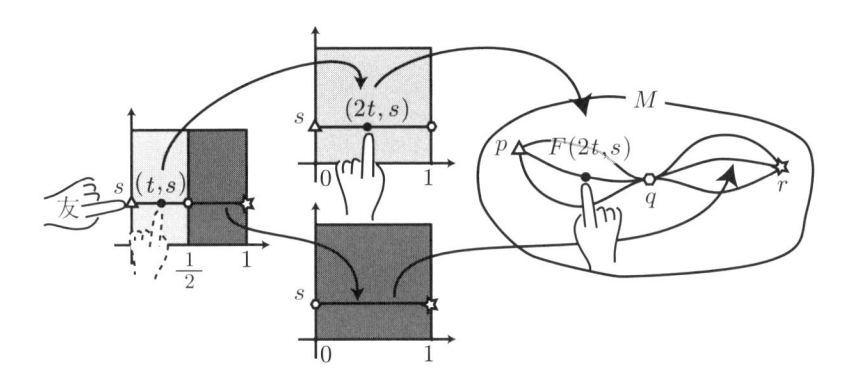

図 **2.11** $H(t,s), 0 \leq t \leq \frac{1}{2}$ のとき

この $H(t,s)$ が $f_0 g_0 \underset{M}{\sim} f_1 g_1$ のホモトピーであることを示そう．示すべきことは次の 2 つである．

$$\lim_{t \to \frac{1}{2}-0} H(t,s) = \lim_{t \to \frac{1}{2}+0} H(t,s) \tag{1}$$

$$H(0,s)=p, H(1,s)=r, H(t,0)=f_0 g_0(t), H(t,1)=f_1 g_1(t) \tag{2}$$

(1) については，

$$\lim_{t \to \frac{1}{2}-0} H(t,s) = \lim_{t \to \frac{1}{2}-0} F(2t,s) = F(1,s) = q$$

$$\lim_{t \to \frac{1}{2}+0} H(t,s) = \lim_{t \to \frac{1}{2}+0} G(2t-1,s) = G(0,s) = q$$

(2) については,

$$H(0,s) = F(0,s) = p,$$

$$H(1,s) = G(1,s) = r,$$

$$H(t,0) = \begin{cases} F(2t,0) \\ G(2t-1,0) \end{cases} = \begin{cases} f_0(2t) \\ g_0(2t-1) \end{cases} = f_0 g_0(t),$$

$$H(t,1) = \begin{cases} F(2t,1) \\ G(2t-1,1) \end{cases} = \begin{cases} f_1(2t) \\ g_1(2t-1) \end{cases} = f_1 g_1(t)$$

ただしここでの場合分けは $0 \leq t \leq \frac{1}{2}$ と $\frac{1}{2} \leq t \leq 1$ の意味である. これにより証明された. (証明終)

前節で保留したままの推移律について証明しよう. これは, 文字変数 s について「道の積のような式」を考えればよい. 実際に, $f,g,h \in \Omega(M;p,q)$ が $f \underset{M}{\sim} g, g \underset{M}{\sim} h$ であるとしよう. $f \underset{M}{\sim} g$ より,

$$F(0,s) = p, F(1,s) = q, F(t,0) = f(t), F(t,1) = g(t)$$

となる $F(t,s)$ が存在し, $g \underset{M}{\sim} h$ より,

$$G(0,s) = p, G(1,s) = q, G(t,0) = g(t), G(t,1) = h(t)$$

となる $F(t,s)$ が存在することがわかっている. このとき $F_3(t,s)$ を

$$F_3(t,s) = \begin{cases} F(t,2s) & (0 \leq s \leq \frac{1}{2}) \\ G(t,2s-1) & (\frac{1}{2} \leq s \leq 1) \end{cases}$$

とすれば, F_3 により $f \underset{M}{\sim} h$ が示される.

F_3 の定義を直感的に説明するならば, F と G という 2 つのホモトピーをつなげたようなものだということができる.

問 2.2.3 (1) $\lim_{s \to \frac{1}{2}-0} F_3(t,s) = \lim_{s \to \frac{1}{2}+0} F_3(t,s)$ を示せ.

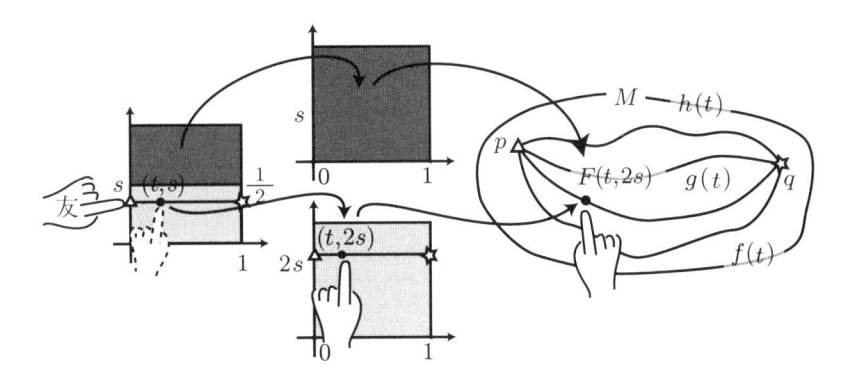

図 **2.12** $F_3(t,s), 0 \leq s \leq \frac{1}{2}$ のとき

（2） $F_3(0,s) = p, F_3(1,s) = q, F_3(t,0) = f(t), F_3(t,1) = h(t)$ を示せ．

2.2.5 普遍被覆空間

位相幾何学の教科書であれば，引き続き道のホモトピーに関する多くの性質を紹介していくところであるが，この本ではそういった内容は割愛して，デジタルカーブショートニングに関して重要な概念である普遍被覆空間の定義について解説する．ただしこの節では普遍被覆空間の定義を述べるだけにとどめる．この定義をこの場で読み解くことは保留して，後の節で M が多面体の場合に普遍被覆空間 $\tilde{M}$ の意味を少しずつ読み解いていくことにしよう．

まず，空間 M が弧状連結であることを仮定する．この定義を述べよう．

定義 2.12（弧状連結） 空間 M が**弧状連結**であるとは，任意の M の 2 点 p,q に対して p,q を始点終点とする道が存在することである．

図形が連結であるというのは，直感的な定義を述べるとするならば「図形としてつながっている」ということだが，このことを弧状連結という概念では「どの 2 点も道で結ぶことができる」と定義している．（これとは別にすこし広い概念で**連結**という概念もあるが，その定義を述べるためには多くの準備が必要なため，ここでは割愛する．連結性を考えるときに弧状連結で理解していたとしても，極端に困ることはない．）

それでは普遍被覆空間を定義しよう．

定義 2.13 (普遍被覆空間) 弧状連結な空間 M は空集合ではないとし, 1 点 $p \in M$ を固定して考える. 普遍被覆空間 $\tilde{M}$ を

$$\tilde{M} = \{f : M \text{ 上の道} \mid s(f) = p\}/\underset{M}{\sim}$$

により定義する.

いきなり $/\underset{M}{\sim}$ などという記号がでてきて面食らうと思うが, これは商集合という考え方で, 定義 A.4 で正確な定義が紹介されている. この定義について少しずつ噛み砕いていくことにしよう.

まず, 商集合の定義をわかりやすく言い直してみよう. $\tilde{M}$ の要素は次の 2 つのルールで決められているものとする.

(ルール 1) 始点を p とするような M 上の道 f に対して, f にかぎかっこをつけたもの $[f]$ を $\tilde{M}$ の要素であるとする.

(ルール 2) 2 つの道 f_1, f_2, がホモトピック ($f_1 \underset{M}{\sim} f_2$) であるとき, このときに限り $[f_1] = [f_2]$ である.

このルールに基づいて $\tilde{M}$ をもうすこし具体的に考えてみよう. $\tilde{M}$ の要素 $[f_1], [f_2]$ はいずれも始点が p であると規程されていることにまず注意しよう. 終点は一般的にいろいろありうるのである.

その上で $[f_1], [f_2]$ が等しいとはどういうことかを考えよう. $\tilde{M}$ の要素として等しいとはすなわち $f_1 \underset{M}{\sim} f_2$ ということである. f_1 と f_2 とがホモトピックだといっているわけだが, このとき f_1, f_2 は終点も一致しているということに注目しよう. $\tilde{M}$ の要素を考えるとき, 終点に着目することは重要である. $\tilde{M}$ とは「p を始点とするような道の終点の集合」であるといっても過言ではない.

鋭い読者ならば「それなら M と変わらないではないか」と思われるだろう. そのとおりであるが, ホモトピーという性質を介しているのでほんの少し違うのである.

実質的な理解においては M を部分的な地図を縁で張り合わせたものであると考え, おのおのの地図のコピーを無限枚作り, 隣接関係を保ったまま, 「輪」にならないように縁で張り合わせたものが $\tilde{M}$ であると考える. 実際, われわれがデジ

タルカーブショートニング問題において考えるのは M が多面体の場合であって，この場合には多面体の面が部分的な地図に相当し，$\tilde{M}$ は多面体の面をあるルールによって張り合わせたものと考えるのが妥当である．

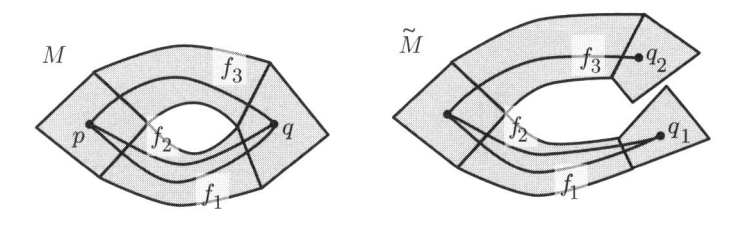

図 2.13 $\tilde{M}$ では q_1 と q_2 とは異なる

1つだけ例を述べておこう．図 2.13 において，M 上の点 q を考える．点 p から q へ行く道はいろいろな方法が考えられるが，そのうちの3つを図に描いてみた．この図において，f_1 と f_2 はホモトピックなので $\tilde{M}$ の要素として $[f_1] = [f_2]$ は等しい．しかし，f_1 と f_3 はホモトピックではないので，$\tilde{M}$ の要素としては $[f_1] \neq [f_3]$ である．そこで，$\tilde{M}$ には，f_1, f_2 の終点に相当する q_1 と，f_3 の終点に相当する q_2 とが別々に存在していると考えるのである．ちょっと乱暴だが，これを $q_1 = [f_1]$, $q_2 = [f_3]$ と書いてしまおう．

こういったことをあらゆる経路のあらゆる終点について考えるのであるから，話はかなり込み入っているが，まずは $q_1 = [f_1]$ と $q_2 = [f_3]$ とが $\tilde{M}$ の要素として異なることだけを押さえておけば第 1 段階の理解としては十分である．

最後に**道の持ち上げ**について説明しておこう．

定義 2.14 (持ち上げ) M 上の p を始点とするような任意の曲線 f は，自然な方法でそのまま $\tilde{M}$ 上の曲線であるとみなすことができる．これを持ち上げといい，$\tilde{f}$ で書き表す．

集合 $\tilde{M}$ を「道を要素とする集合」と額面どおりに受け取ると，このことはひどく難しくなってしまう．ここで $\tilde{M}$ を「始点を p とするような道の**終点の集合**」とみなせば，曲線 f 上の各点 $f(t)(0 \leq t \leq 1)$ は，「曲線 f を $f(0)$ から $f(t)$ までたどった道の終点」と自然にみなすことができ，すなわち f 自身がそのまま $\tilde{M}$ 上の曲線を定めていると思うことができるのである．この $\tilde{M}$ 上の曲線を M 上の

曲線 M の「道としての持ち上げ (lifting)」という.

それでは M が多面体の場合に話を絞り込むことにしよう.

2.3 多面体分割, 普遍被覆空間

2.3.1 多面体分割

この節では, 曲面における多面体分割と, その被覆空間について解説する.

曲面というと (たとえば球面のような) 部分的には 2 次元的ではあるが, 全体としては 3 次元の図形であるような, 滑らかな図形を思い浮かべるだろう. ここではそういった曲面を, 面・辺・頂点といった多面体の部品に分割することを考えたい. そのためにまず面・辺・頂点などを定義する. とはいえ,「そもそも曲面とは何か」という部分に深入りすることはせずに,「多面体のように面・辺・頂点に分割できるもの」として曲面をとらえることにする. この本においては直感的な理解を優先することとし, 数学的な厳密さにおいてはやや緩いことを了解いただきたい. 曲面の定義について厳密に知りたいならば多様体の入門書 [8][9] を参考にするとよい.

定義 2.15 空間 M が多面体分割 (cellular (polygonal) decomposition) をもつとは,

$$M = \left(\bigcup_i f_i\right) \cup \left(\bigcup_j e_j\right) \cup \left(\bigcup_k v_k\right)$$

という互いに交わらない分割であって,
① f_i は面であり, e_j は辺 (であり, v_k は頂点) である.
② 各 f_i の境界は e_j たちと v_k たちのいくつかの和集合であらわされる.
③ 各 e_j の両端は v_k たちのいずれかである.
④ 面 f_1 と面 f_2 が辺 s を共有するとき, $f_1 \neq f_2$ である.
をみたすことをいう.

用語

(1) そもそも面 (2 次元的なもの)・辺 (1 次元的なもの)・点の定義をすべきところであるが, それは位相幾何学の入門書 [9] に譲ることにする. このような場

合，まず「図形が同じである」ことを意味する**同相**という概念を定義し，面とは三角形の内部と同相なもの，辺とは開区間と同相なもの，と定義する．具体的に同相とは「全単射であり，かつ連続・逆連続である」ことであるが，これらの専門用語に立ち戻ってしまうと議論が進まないので，ここでは素朴に，面とは2次元的な図形 (であって境界を含まないもの)，辺とは1次元的な図形 (であって両端をふくまないもの)，頂点とは1点と考えれば十分である．

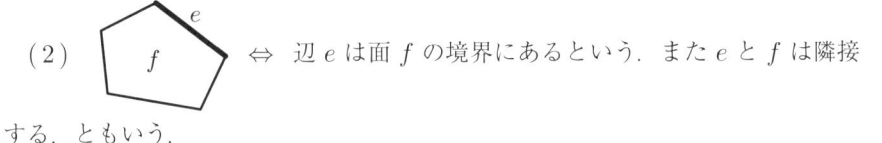

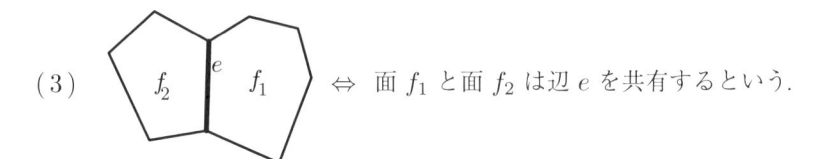

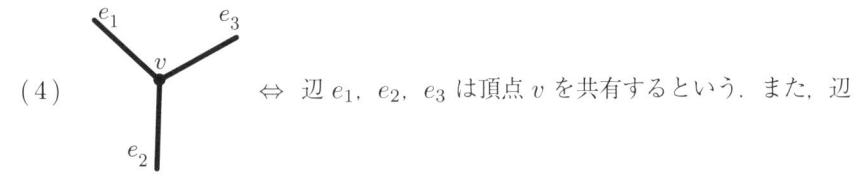

(2) 　　　⇔　辺 e は面 f の境界にあるという．また e と f は隣接する，ともいう．

(3) 　　　⇔　面 f_1 と面 f_2 は辺 e を共有するという．

(4) 　　　⇔　辺 e_1, e_2, e_3 は頂点 v を共有するという．また，辺 e_1, e_2, e_3 は頂点 v と隣接する，ともいう．

(5) 各頂点 v について，v を共有している辺の (重複をこめた) 本数を v の次数という

　　　⇔　v の次数は 4 である．

(6) 各面 f について，f の境界にある辺の個数が n であるとき f は n 角形 (n-gon) であるという

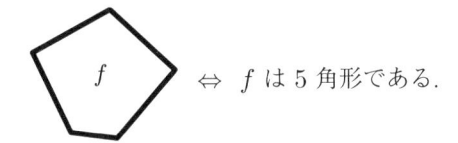

　　　⇔　f は 5 角形である．

（7）頂点 v について，v と隣接するすべての辺とすべての面を v の近傍 (neighborhood) という

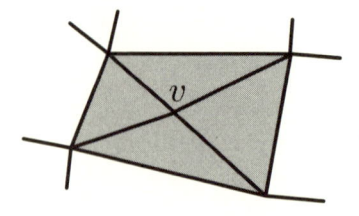

⇔ 中央の頂点 v の近傍はあみかけ部分である．

例1 通常の意味での多面体はすべてこの例になっている．

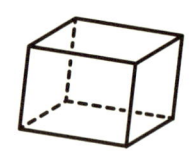

例2 2人乗りの浮き輪の型を種数2の曲面とよぶが，次のように4つに分割すれば，分割したそれぞれを面とするような多面体であると考えることができる．(具体物によるイメージで考えたければ，4枚のシートをゴムのような柔らかいもので作り，これらの辺辺を貼り合わせ，中に空気を送り込めば二人乗りの浮き袋のかたちを作ることができる．)

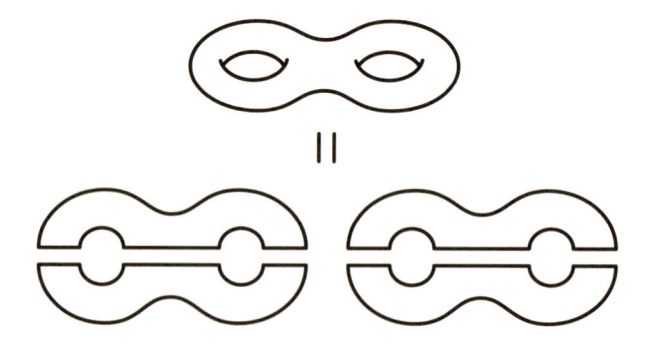

問 2.3.1 浮き輪形の曲面をトーラスというが，トーラスを多面体分割してみよ．

2.3.2 多面体分割の普遍被覆

M の普遍被覆 $\tilde{M}$ を 2.2 節で説明した．M の多面体分割は，そのまま自然な形で $\tilde{M}$ の多面体分割を与える．普遍被覆の定義からそのことを知ることもできるが，ここでは多面体分割から普遍被覆を再現する方法により，普遍被覆を再定義することを試みよう．

念のため普遍被覆の定義をおさらいしておくが，2.2 節を飛ばしてきた読者は特に気に留める必要はない．

定義 2.16 $p \in M$ を固定する．このとき

$$\tilde{M} = \{f : I \to M \mid f(0) = p\}/\underset{M}{\sim}$$

である．ただしここで I は閉区間 $I = [0,1]$ であり，$f_1 \underset{M}{\sim} f_2$ とは，f_1 と f_2 がホモトピックであることとする．

さて，図 2.13 を今一度見てほしい．これは 3 つの道 f_1, f_2, f_3 が，$\tilde{M}$ で考えると 2 つの場合に分かれる図である．この図はある意味で普遍被覆をよく表現している図であるということができる．M は多面体分割されているものとしよう．(上の定義で基点としてとっている) 点 p はどこかの面に含まれているものと想定しよう．あなたは点 p に立っているものとする．

今いる面はいくつかの辺をもち，辺の向こうには別の面がある．ちょうど 1 つの面が 1 つの国家であるように想像して，辺は国境でそこには国境警備隊がパスポート検閲をしていると思えばよろしい．あなたのいる点 p は A 国の中にあるとしよう．

隣の国へ行く，ということは普遍被覆の世界においても同じことであるとする．すなわち，普遍被覆 $\tilde{M}$ においては一見 M と同じように A 国があり，A 国に隣接する国も同じように存在している．

まずは次の図 2.14 のような状況を考えてみよう．頂点というのは国境が 3 つ以上合流している点である．その点では 3 つ以上の国が隣接しているわけである．ここでは A, B, C という 3 つの国が 1 点で隣接している．このような場合には，普遍被覆においても，A, B, C という 3 つの国が 1 点で隣接しているものとする．

このことの数学的理由は，図 2.14 のような道 f を考えることにより分かる．f

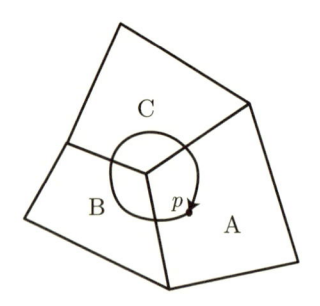

図 2.14 隣接している国は普遍被覆においても隣接している

は 1 つの頂点の周りをぐるりと回っただけであるから，べつに B, C といった他国を巡回せずとも，点 p のごく近くでぐるりとまわるような道とホモトピックであろう．

このことから，図の円周状の道の終点は，(普遍被覆の意味で) 最初からいる A 国の中になければいけない．したがって，普遍被覆においても A, B, C の三国は 1 点で隣接関係にあることが分かる．(何を訳の分からないことを言っているのか，と思うかもしれないが，以降の話を一通り読んでからここに戻ってくれば納得できると思う．)

問 2.3.2 平面 $\mathbb{R}^2$ 上にある，半径 1 の円周を描く道 f であって，始点・終点を $(1,0)$ とするようなものを式で表してみよ．始点・終点の位置を変えずに道の半径を連続的に小さくするようなホモトピーの式を書いてみよ．

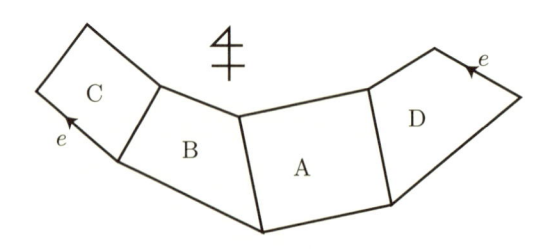

図 2.15 行き方が二通りある場合

今度は図 2.15 のような状況を考えてみよう．辺 e のところで地図が張り合わさっているとする．つまり，A 国から C 国へいく方法は B 国を通る方法と D 国を通る方法の二通りがあり，かつ，その 2 つの道がホモトピックでないものとする．

このとき，この 2 つの道の終点は (普遍被覆の定義により) $\tilde{M}$ では異なる点であるとみなす．このことは図 2.13 でも確認した事柄である．とすると，普遍被覆 $\tilde{M}$ においては A 国から東へ進んで到着した C 国と西へ進んで到着した C 国とは「見た目は同じだが別の場所＝パラレルワールド」でなければいけないことになる．

さらにいうと A 国から西へ進んで B 国，C 国を通り過ぎ，さらに西へ進んで D 国，A 国，B 国そして C 国とたどり着いたとすると，この旅の終着点である C 国は上の 2 つの C 国とはさらに別のパラレルワールドであることになる．

図 2.16　普遍被覆世界

つまり，普遍被覆世界では図 2.16 のように一列に国が繰り返し並んでいるのであって，同じ国のように見えるものはもともとの (M における) 国のパラレルワールドになっているのである．これが普遍被覆世界の成り立ちである．

少し先走って 2.5.3 節を少し見てほしい．ここではトーラスを正方形 4 つに多面体分割したものを考え，その普遍被覆を具体的に構成している．このように，各頂点のまわりでは国のならびは同じだが，どこかを一周してくると，同じ国のように見えるパラレルワールドへ到着してしまうような世界であることが分かるだろう．

このように考えていくと，道の持ち上げも考えることができる．M で国を歴訪した順番を記録しておいて，それをそのまま普遍被覆 $\tilde{M}$ において同じ順番で国を歴訪すれば，それが持ち上げである．図 2.21 で表された 2 つの道 u_1, u_2 について，その持ち上げを (わざわざ区別する意味で)$\tilde{u}_1, \tilde{u}_2$ と書いたものが図 2.22 である．この本では道の持ち上げを元の道と特別に区別して考えないほうが明快との考えから，道の持ち上げについても基本的には同じ記号を用いて表すことにしている．

2.4 デジタルカーブ，書きかえ系

2.4.1 デジタルカーブ

以下，M を多面体分割をもつものとする．$F = \{$多面体の面の集合$\}$，$E = \{$多面体の辺の集合$\}$，$V = \{$多面体の頂点の集合$\}$ と書くことにする．このような M について，デジタルカーブを次のように定義する．

定義 2.17 (デジタルカーブ，**digital curve(DC)**)

$$DC(M) = \left\{ f_1 e_1 f_2 e_2 \cdots f_n e_n f_{n+1} \,\middle|\, \begin{array}{l} f_i \in F, \\ e_i \in E, \\ f_i \text{ と } f_{i+1} \text{ とは } e_i \text{ を共有する} \end{array} \right\}$$

一般に，集合の元を一列に並べたものを語 (word) というが，その意味で $DC(M)$ の元は語であるということができる．$DC(M)$ の元のことを**デジタルカーブ** (DC) とよぶ．なお，条件「f_i と f_{i+1} とは e_i を共有する」においては，$f_i = f_{i+1}$ であって，面 f_i の 2 つの辺が辺 e_i として張り合わさっているような場合も含んでいることに注意しよう．

例 M を次のような多面体とする．

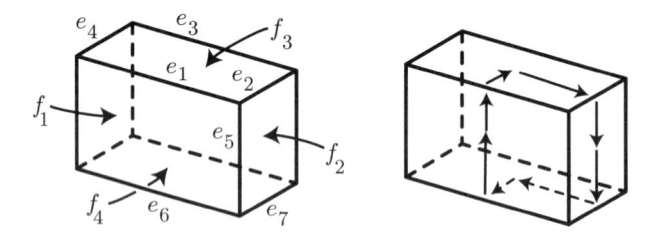

このとき，$w = f_1 e_1 f_3 e_2 f_2 e_7 f_4 e_6 f_1 \in DC(M)$ はこの多面体上のデジタルカーブの例である．DC とは多面体の面から始めて，隣り合っている面へと次々にたどっていくものと考えることもできる (右図)．

定義 2.18 (**DC に関する用語**) (1) $w = f_1 e_1 f_2 e_2 \cdots f_n e_n f_{n+1} \in DC(M)$ について，f_1 を w の**始点**，f_{n+1} を w の**終点**とよぶ．$f_1 = s(w)$，$f_{n+1} = t(w)$

のように書く．

（2） $f_1 = f_{n+1}$ のとき，w は**閉路** (closed digital curve, digital loop) であるという．

（3） $w = f_1 e_1 f_2 e_2 \cdots f_n e_n f_{n+1} \in DC(M)$ について，この場合の n を w の**長さ** (length) といい，$\mathrm{length}(w) = n$ と書く．$n = 0$ の場合，すなわち $w = f_1$ が 1 綴りの語の場合であるが，これも許容することとし，$DC(M)$ の元であるとする．このときには $\mathrm{length}(f) = 0$ であり，閉路であるとみなす．

閉路とは，始点と終点の一致するような DC であるが，これは輪状に面をたどったものと考えることもできる．この全体を $DL(M)$ と書くことにする．

$$DL(M) = \{\text{閉路全体}\} \subset DC(M)$$

また，閉路について，始点の場所を特に定めずに輪状のものとする考え方もある．これを**自由閉路** (free digital loop) とよぶ．自由閉路を数学的に定義するには，閉路の始点をずらすという操作を考え，この操作で変形しあう閉路は同じものと考える必要がある．そのことについて解説しよう．

閉路 $w = f_1 e_1 f_2 e_2 \cdots f_n e_n f_1 \in DL(M)$ について，**ずらし** $s : DL(M) \to DL(M)$ を，

$$s(f_1 e_1 f_2 e_2 \cdots f_n e_n f_1) = f_2 e_2 \cdots f_n e_n f_1 e_1 f_2$$

で定義する．s を n 回行うと元に戻ることに注意しよう．

定義 2.19（**自由閉路**） s が生成する同値関係で $DL(M)$ を割った集合を $FDL(M)$ と書くことにする．すなわち

$$FDL(M) = DL/(s)$$

と定める．

つまり $w_1, w_2 \in DL(M)$ について，$w_1 \sim w_2 \iff s \circ \cdots \circ s(w_1) = w_2$ となることと定めると $\sim$ は同値関係で，$FDL(M)$ はその同値類の集合であるという意味である．

例

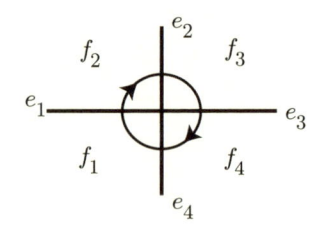

この図において,

$$w_1 = f_1 e_1 f_2 e_2 f_3 e_3 f_4 e_4 f_1$$
$$w_2 = f_2 e_2 f_3 e_3 f_4 e_4 f_1 e_1 f_2$$
$$w_3 = f_3 e_3 f_4 e_4 f_1 e_1 f_2 e_2 f_3$$
$$w_4 = f_4 e_4 f_1 e_1 f_2 e_2 f_3 e_3 f_4$$

は $s(w_1) = w_2, s(w_2) = w_3, s(w_3) = w_4, s(w_4) = w_1$ という関係にあり,すなわち

$$w_1 \sim w_2 \sim w_3 \sim w_4$$

となっているので,この4つの閉路は同じ同値類に含まれる.このことをいいかえると,w_1, w_2, w_3, w_4 は自由閉路としては同じものを表しているということになる.

2.4.2 デジタルカーブの表す曲線

上の図でもそうしたように,w という DC を図示するのに,w がたどる各面を順に通るような曲線で表現すると分かりやすい.このことを数学的に定義してみよう.

定義 2.20 (DC を表す曲線 (曲線類)) 各 $f \in M$ に対し,その内部に基点 x_f を固定して考える.x_f は面 f の内部であればどのように選んでもよい.そのうえで,曲面 M 上の曲線 $\gamma : I \to M$ をつぎの条件をみたすものとする.このような道全体を $\Omega_{DC}(M)$ と書く.

(条件 1) γ は頂点を通らない.すなわち同じ記号 γ で M 上の曲線 (つまり集合としての M の部分集合) を表すことにすると,$\gamma \cap V = \emptyset$.

(条件 2) 曲線 γ は辺と交叉的に (transversally) 有限回交わる．交叉的というのは，γ と辺との交点の付近において，γ が辺の両側にまたがっている状態をいうこととする．下図を参照のこと．

交叉的　　交叉的でない

(条件 3) 多面体の面 f_1, f_2 が存在して，曲線 γ の始点・終点は基点 x_{f_1}, x_{f_2} である．

このような条件をみたす M 上の曲線 γ はその両端をいずれかの面の内部におき，有限個の面や辺を通過する．このことから，始点のある面から始めて，通過する面や辺を並べて語を作れば，それはすなわちデジタルカーブを得ることが分かる．条件 2 の交叉的という条件がデジタルカーブの条件「f_i と f_{i+1} とは e_i を共有する」かつ「$f_i \neq f_{i+1}$」に相当していることが分かる

逆向きの対応を考えることもできる．任意に与えられたデジタルカーブ w に対して，w に現れる面や辺を現れる順に通過するような $\Omega_{DC}(M)$ の元 (すなわち曲線) をとることができる．

このような意味で，$DC(M)$ と $\Omega_{DC}(M)$ はよく対応していることが分かる．デジタルカーブ w に対して，w に現れる面や辺を現れる順に通過するような $\Omega_{DC}(M)$ の元は無数にあり得るので 1 対 1 対応ではないが，ホモトピーという考え方を使えば 1 対 1 対応を作ることもできる．(以下しばらくこのことについて述べるが，数学的に煩雑な部分であり，大筋の理解のためには必ずしも重要というわけではない.)

$\Omega_{DC}(M)$ の中での新たなホモトピー $\underset{\Omega_{DC}}{\sim}$ を考えよう．すなわち，2.2 節で定義されたホモトピーの概念を $\Omega_{DC}(M)$ という集合に限定して考えるのである．f_s(ただし $0 \leq s \leq 1$，2.2 節ではこの $f_s(t)$ のことを $F(t, s)$ と記述した) というパラメータ s の付随した道を考え，かつその道 f_s が任意の s について $\Omega_{DC}(M)$ のための 3 つの条件を満たしているとするとき，f_0 と f_1 とは $\Omega_{DC}(M)$ の中で $f_0 \underset{\Omega_{DC}}{\sim} f_1$ と書くことにする．2.2 節のホモトピックと区別するためにこちらは Ω_{DC} **ホモトピック**とよぶことにする．

こうすると，たとえば次のような 2 つの場合は見た感じはホモトピックであるが，Ω_{DC} ホモトピックでない．このため，Ω_{DC} ホモトピックというときには，曲線が通過する面や辺の順序が変えられないことが分かる．

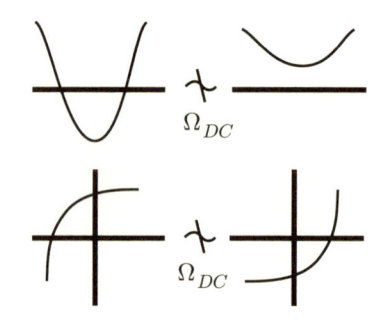

このことから，$\Omega_{DC}(M)$ の中の Ω_{DC} ホモトピックの同値類は $DC(M)$ の要素と 1 対 1 に対応していることが分かる．すなわち，$u, v \in DC(M)$ と $\gamma_u, \gamma_v \in \Omega_{DC}(M)$ とがそれぞれ対応しているとすると，

$$u = v \iff \gamma_u \underset{\Omega_{DC}}{\sim} \gamma_v$$

である．

以後，デジタルカーブを視覚的に理解しやすくするために，デジタルカーブを図示する際には $\Omega_{DC}(M)$ の元で表すことにする．

次へ進もう．前の節で導入したホモトピー $\underset{M}{\sim}$ をデジタルカーブに導入することもできる．つまり，デジタルカーブ u を M 上の曲線として書き表したものを γ_u と書くことにして，γ_u を (両端を止めたまま，多面体の辺や頂点のしばりなしに) 連続的に変形して得られるような曲線 γ_v やそれに対応するデジタルカーブ v のことを，「ホモトピック」とよぶことにするのである．

定義 2.21 (ホモトピックなデジタルカーブ)　デジタルカーブ $u, v \in DC(M)$ が**ホモトピック**であるとは，それぞれに対応する曲線 $\gamma_u, \gamma_v \in \Omega_{DC}$ が M 上ホモトピック，すなわち $\gamma_u \underset{M}{\sim} \gamma_v$ であることである．これを

$$u \underset{M}{\sim} v \overset{\text{定義}}{\iff} \gamma_u \underset{M}{\sim} \gamma_v$$

と書くことにする．

2.4.3 デジタルカーブと普遍被覆

曲面 M が多面体分割されているとするとき，曲面 M の普遍被覆 $\tilde{M}$ が定義され，M の多面体分割に対応する $\tilde{M}$ の多面体分割が存在することを 2.3 節で述べた．2.2 節を飛ばして読んでいる読者は，この部分は以下にある例をみてその感覚をつかめれば十分である．

M 上のデジタルカーブ $u \in DC(M)$ に対して，それに対応する $\tilde{M}$ 上のデジタルカーブを考えることができる．これを u の**持ち上げ** (lifting) という．この本を通じて，デジタルカーブとその持ち上げを特に区別することなく同じ記号 u を用いて議論するが，この節でだけは定義を明確にする目的で持ち上げのことを $\tilde{u}$ と書くことにする．

デジタルカーブの持ち上げを 2 つの方法で定義してみたい．最初の方法は，曲線の持ち上げによる定義である．デジタルカーブ $u = f_1 e_1 f_2 \cdots f_{n+1}$ にはそれに対応する曲線 $\gamma_u \in \Omega_{DC}$ が存在した．ここで少し復習すると，γ_u とは M 上で，$f_1, e_1, f_2, \cdots, f_{n+1}$ の順に多面体の面や辺を通過するような道のことであった．

一般論から，M 上の道 γ_u に対応する $\tilde{M}$ の道 $\tilde{\gamma}_u$ があり，これを「道の持ち上げ」といった (定義 2.14)．$\tilde{\gamma}_u$ はそのままで $\Omega_{DC}(\tilde{M})$ の元なので，対応する $\tilde{M}$ 上のデジタルカーブが存在する．これを $\tilde{u}$ と書いて「デジタルカーブ u の持ち上げ」と定義する．

もうひとつの定義は u から具体的に $\tilde{u}$ を構成する定義である．デジタルカーブ $u = f_1 e_1 f_2 \cdots f_{n+1}$ に対して，f_1 の多面体の面の持ち上げ (の一つ) を $\tilde{f}_1$ とする．$\tilde{M}$ の辺のうちで $\tilde{f}_1$ と隣接するような e_1 の辺の持ち上げは一意的であるので，それを $\tilde{e}_1$ とする．$\tilde{M}$ の面のうちで $\tilde{e}_1$ と隣接するような f_2 の面の持ち上げは一意的であるのでそれを $\tilde{f}_2$ とする．以下同様に $\tilde{r}_2, \tilde{f}_3, \cdots, \tilde{f}_{n+1}$ を一意的に得ることができる．こうして得られた $\tilde{f}_1 \tilde{e}_1 \tilde{f}_2 \cdots \tilde{f}_{n+1}$ は $\tilde{M}$ のデジタルカーブになっているのでこれを $\tilde{u}$ とする．

実例は次の節で示すが，そこでの挿絵を引用しながら説明してみよう．M を

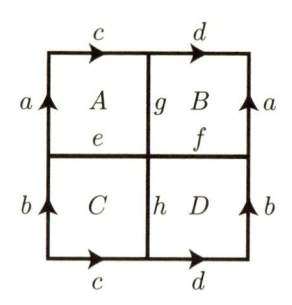

という多面体分割をもつ曲面とする．この曲面の普遍被覆は

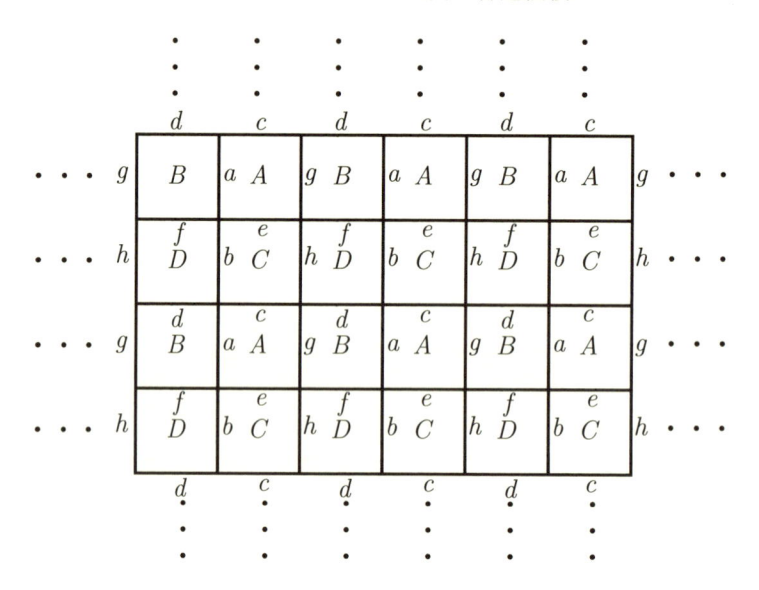

である．ここで M 上の道のサンプル u_1, u_2

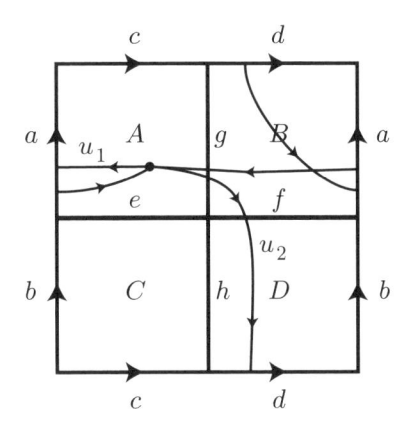

に対して，その持ち上げは

となっている．これらの道に対応するデジタルカーブを考えればよいのである．

上の図のように，普遍被覆 $\tilde{M}$ 上の持ち上げにおける多面体の面・辺の名前を，特に区別することなく M の多面体の面・辺の名前を流用することにすれば，実際には $u = f_1 e_1 f_2 \cdots f_{n+1}$ にたいして $\tilde{u} = f_1 e_1 f_2 \cdots f_{n+1}$ であることに注意しよう．上の例であれば u_1 も $\tilde{u}_1$ も $AaBgA$ であるし，u_2 も $\tilde{u}_2$ も $AgBfDdBaA$ である．このことが特に u と $\tilde{u}$ とを区別して表記しなくともよいという積極的な理由である．(もちろん，普遍被覆の面の名前を流用したりするのは数学的には厳密ではないし，u と $\tilde{u}$ とは異なるものなので，区別して書くほうがしっくりくるという人もいると思うが，簡明さを優先させよう.)

普遍被覆の性質から次の補題が成り立つことを注意しておこう．

補題 2.22 デジタルカーブ $u, v \in DC(M)$ の持ち上げを同じ記号で $u, v \in$

$DC(\tilde{M})$ と書くことにする.ただし始点は同じ $(s(u) = s(v))$ ものとする.このとき次が成り立つ.

$$u \underset{M}{\sim} v \iff t(u) = t(v)$$

証明 $u, v \in DC(M)$ に対応する道を $\gamma_u, \gamma_v \in \Omega_{DC}(M)$ とする.γ_u, γ_v の始点は基点 $x_{s(u)}$ であることから,$x_{s(u)}$ の点の持ち上げ (の 1 つ) を $\tilde{x}_{s(u)}$ とし,($\tilde{x}_{s(u)}$ を始点とする) γ_u, γ_v の道の持ち上げを $\tilde{\gamma}_u, \tilde{\gamma}_v$ とすれば,普遍被覆 $\tilde{M}$ の性質より,

$$\gamma_u \underset{M}{\sim} \gamma_v \iff t(\gamma_u) = t(\gamma_v)$$

($t(\gamma_u)$ は γ_u の道としての終点) である.$t(\gamma_u) = x_{t(u)}, t(\gamma_v) = x_{t(v)}$ であることから補題は従う. (証明終)

2.4.4 書きかえ系

次に,デジタルカーブの問題を考える上で重要な役割を果たす**書きかえ系 (rewriting system, RS)** について定義していこう.そのために,デジタルカーブの一部分を取り出して考えたもの (部分デジタルカーブ) や分解したデジタルカーブをつなげて長いデジタルカーブにすること (デジタルカーブの連結) について定義する.

定義 2.23 (部分デジタルカーブ) $w = f_1 e_1 f_2 e_2 \ldots f_n e_n f_{n+1}$ をデジタルカーブとする.$1 \leq i \leq j \leq n+1$ である i, j に対して $w_1 = f_i e_i \ldots f_{j-1} e_{j-1} f_j$ を w の部分デジタルカーブといい,$w_1 \subset w$ と書く.

定義 2.24 (デジタルカーブの連結) $w_1 = f_1 e_1 \ldots f_n e_n f_{n+1}, w_2 = f'_1 e'_1 \ldots f'_m e'_m f'_{m+1}$ が $f_{n+1} = f'_1$ をみたすとき,w_1 と w_2 の連結 (composite) を

$$w_1 w_2 = f_1 e_1 \ldots f_n e_n f'_1 e'_1 \ldots f'_m e'_m f'_{m+1}$$

で定める.

これらの準備のもとに書きかえを定義する.

定義 2.25 (書きかえ (rewriting)) (u, v) が**書きかえ**であるとは
(1) $u, v \in DC(M)$ かつ $u \neq v$
(2) $u \underset{M}{\sim} v$ である
という条件を満たすことをいう．

この定義によれば，書きかえというのは「書きかえ前の部分デジタルカーブ」と「書きかえ後の部分デジタルカーブ」という 2 つのデジタルカーブの組である．

定義 2.26 (書きかえ系 (rewriting system;RS))　書きかえの集合 $R = \{(u_1, v_1), (u_2, v_2), \dots\}$ を**書きかえ系** (rewriting system, RS)) とよぶ．

定義 2.27 (w を w' に書きかえる)　R を書きかえ系とするとき，「R により w を書きかえて w' にする」とは，ある $(u, v) \in R$ が存在して，
(1) $u \subset w$ である．
(2) $w = w_1 u w_2$ とすると $w' = w_1 v w_2$ である．
という条件を満たすことであるとする．このとき $w > w'$ (または $w' < w$) と書く．

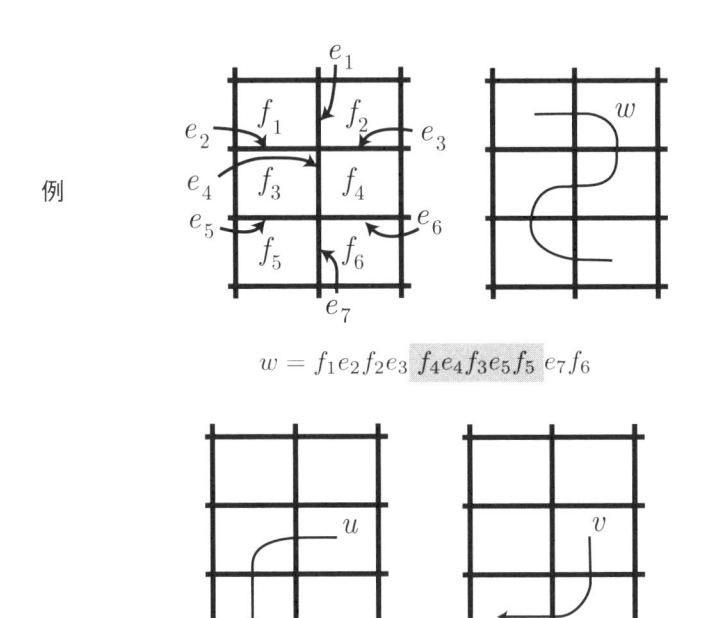

例

$w = f_1 e_2 f_2 e_3 \; f_4 e_4 f_3 e_5 f_5 \; e_7 f_6$

$$u = f_4 e_4 f_3 e_5 f_5$$
$$v = f_4 e_6 f_6 e_7 f_5$$

とすると，(u,v) は書きかえである．$R = \{(w_1, w_2)\}$ とすれば，R は書きかえ系であり，R により w は以下の w' にすることができる．

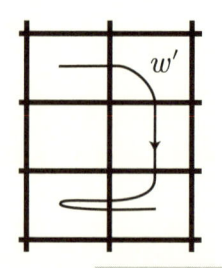

$$w = f_1 e_2 f_2 e_3\ \underline{f_4 e_6 f_6 e_7 f_5}\ e_7 f_6$$

この場合，w を R により書きかえて w' にすることができるという．最初なので，より細かく記述すると，$w_1 = f_1 e_2 f_2 e_3 f_4, w_2 = f_5 e_7 f_6$ とすると，$w = w_1 u w_2$ であって，$w' = w_1 v w_2 = f_1 e_2 f_2 e_3 f_4 e_6 f_6 e_7 f_5 e_7 f_6$ となっているわけである．

一般的な注意として，R の中に w を書きかえられるようなものが複数個存在する場合もあり得る．

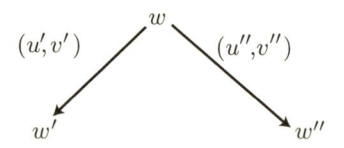

定義 2.28 (到達可能 (**reachable**))　$w, w' \in DC(M)$，R を書きかえ系であるとする．w' が w から (R によって) **到達可能**であるとは，$w^{(1)} = w$, $w^{(k)} = w'$ として，$1 \leqq i \leqq k-1$ の i について，デジタルカーブの列 $w^{(1)} > w^{(2)} > \cdots > w^{(k)}$ が存在することをいう．これを $w \to w'$, $w \xrightarrow{R} w'$ とかく．

定義により次の 2 点を注意しよう．

注意 2.29 (1) $k = 1$ の場合を考えることにより $w \to w$ である．(ただし $w \not> w$ である．)

(2) $w \to w'$, $w' \to w''$ であるならば明らかに $w \to w''$ が成り立つ．

M 上のデジタルカーブの書きかえ系に対して，$\tilde{M}$ 上の書きかえ系を考えることができる．とはいえ，このことは特別なことではない．M 上のデジタルカーブ $w = f_1 e_1 \cdots f_n e_n f_{n+1}$ とまったく同じ表記で $\tilde{M}$ のデジタルカーブを表していることを思い出せば，$\tilde{M}$ 上のデジタルカーブに関しても書きかえのルールを適用することは可能であり，書きかえ $w > w'$ や到達可能 $w \to w$ などの用語もまったくおなじように考えることができる．

この節の最後に有限性の定義をしておく．

定義 2.30 (有限 (finiteness)) 書きかえ系 R の元の個数が有限個のとき，R は有限であるという．

曲面 M の多面体分割は有限個の面，辺，頂点から構成されていることを仮定しているので，書きかえ系が有限であることには意味がある．一方で，M 上の書きかえ系を普遍被覆 $\tilde{M}$ へ持ち上げたものを改めて R と書くと，これは一般に無限個の書きかえからなる集合である．というのは，ひとつの書きかえに対してその (書きかえとしての) 持ち上げは無限個あるからである．書きかえ系を考えるときには $\tilde{M}$ で考えて差し支えないが，有限性を考えるときには M 上で考察する必要がある．

2.4.5 完備性

定義 2.31 (極小元 (minimal word), 完備 (completeness)) (1) デジタルカーブ w が書きかえ系 R に対して**極小元**であるとは，任意の $(w_1, w_2) \in R$ に対して $w_1 \not\subset w$ となることであるとする．(すなわち R によってこれ以上書きかえができないようなデジタルカーブの意味である．)

(2) 任意の $w \in DC(M)$ に対して，どのような書きかえを行っても w から有限回の書きかえによって一意的な極小元に到達可能であるとき，R は完備であるという．

完備の定義のポイントは 2 つある．1 つは書きかえ系 R が無限の書きかえの列 (たとえば無限ループ) を含まないということ．もう 1 つは到達可能な極小元が一意的に定まるという点である．このことを次の例で確かめよう．

例

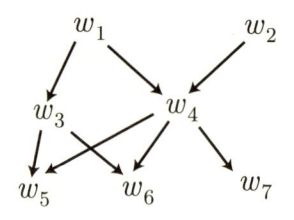

この例においては，w_5, w_6, w_7 が極小元である．しかし，$w_1 \to w_5$ かつ $w_1 \to w_6$ であるので，w_1 から到達可能な極小元が一意的でない．したがって，この書きかえ系は完備ではない．

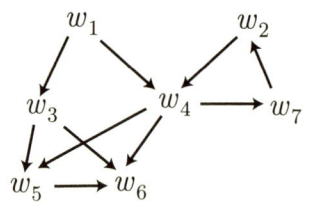

この例においては，w_6 のみが極小元であって，w_1 から到達可能な極小元は w_6 に限られる．しかし，$w_4 \to w_7 \to w_2 \to w_4$ を無限回繰り返すことが可能なので，この書きかえ系は完備ではない．

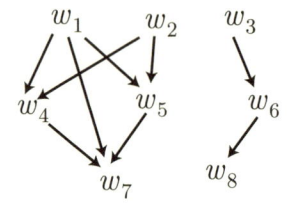

この例においては，w_7, w_8 が極小である．w_1, w_2, w_4, w_5 からはどのような書きかえを行っても有限回の書きかえで w_7 へ，w_3, w_6 からもどのような書きかえを行っても有限回の書きかえで w_8 へ到達可能であることから，この書きかえ系は完備である．

2.4.6 ホモトピー性 (homotopy property)

定義 2.32 R を曲面 M の書きかえ系であるとする．R がホモトピー性をもつとは，任意の $w_1, w_2 \in DC(M)$ について，それらがホモトピック (定義 2.21)

ならばそれらはただ 1 つの共通の極小元へ到達可能であることをいう．

M の普遍被覆 $\tilde{M}$ を用いると，ホモトピー性は次のように特徴づけることができる．

命題 2.33 M 上の書きかえ系 R の $\tilde{M}$ への自然な拡張を同じ記号 R で表すとき，以下は同値な条件である．
（1） R はホモトピー性をもつ．
（2） $\tilde{M}$ の任意の 2 つの面を固定したとき，それらを始点・終点とするような極小元はただ 1 つであり，それらを始点・終点とするような任意のデジタルカーブはこの極小元に到達可能である．

問 2.4.1 この命題の証明をせよ．

2.4.7　短少性 (shortening property)

定義 2.34 (短少性 (shortening property))　書きかえ系 R が**短少性をもつ**とは，以下の 2 つの条件を満たすことである．
（1） $w \to w'$ ならば $\mathrm{length}(w) \geq \mathrm{length}(w')$
（2） 任意のデジタルカーブ w に対して，その長さを変えないような書きかえの無限列を作ることはできない．

補題 2.35 書きかえ系 R が短少性をもつならば，書きかえの無限列は作れない．

証明　デジタルカーブの長さは 0 以上の値をとるので，デジタルカーブの長さを無限に小さくすることはできない．一方で，短少性よりそれぞれの長さで書きかえの列は有限の長さに限るので，書きかえの列は必ず有限になる．(証明終)

このことから特に，任意のデジタルカーブから始めて必ず有限回の書きかえの後に極小元に到達可能であることが分かる．

R が短少性を持っているときにはホモトピー性はより緩い十分条件により特徴付けることができる．

補題 2.36 R が短少性をもつとする．任意のホモトピックな $w_1, w_2 \in DC(M)$ に対して，共通の到達可能なデジタルカーブ w が存在する，すなわち

$$\forall w_1, \forall w_2 \in DC(M), w_1 \underset{M}{\sim} w_2 \Rightarrow \exists w, w_1 \to w, w_2 \to w$$

が成り立つならば R はホモトピー性を持つ．

証明 任意に与えられたホモトピックな 2 つのデジタルカーブ w_1, w_2 に対して，短小性より，それぞれから到達可能な極小元 u_1, u_2 が存在する．すなわち，u_1, u_2 は極小でありかつ $w_1 \to u_1, w_2 \to u_2$ である．仮定より $w_1 \underset{M}{\sim} w_2$ であり，かつ $w_1 \to u_1, w_2 \to u_2$ より $w_1 \underset{M}{\sim} u_1, w_2 \underset{M}{\sim} u_2$ である．したがって，$u_1 \underset{M}{\sim} u_2$ である．ここで補題の仮定を用いると，u_1, u_2 に対して共通に到達可能なデジタルカーブが存在する．すなわち，ある w が存在して，$u_1 \to w$ かつ $u_2 \to w$ である．しかし今，u_1, u_2 が極小であるという仮定より $w = u_1 = u_2$ でなければならない．これはすなわち R がホモトピー性を満たすことに他ならない．(証明終)

補題 2.37 書きかえ系 R が短小的かつホモトピー性を満たすならば完備である．

証明 あるデジタルカーブから到達可能な極小元が 2 つあると仮定しよう．すると，ホモトピー性より，その 2 つから到達可能なデジタルカーブが存在することから，その 2 つ両方が極小元であることに矛盾する．

また補題 2.35 より任意のデジタルカーブから無限の書きかえの列を作ることはできないことから，有限回の書きかえによって極小元が得られることが示される．(証明終)

2.5 トーラス上の正方格子によるデジタルカーブショートニング問題

2.5.1 トーラスの多面体分割

正方形の相対する辺を同じ向きに張り合わせたような曲面をトーラスという．トーラスは浮き輪のような形状をしているが，ここでは実際に辺を貼り合わせてしまわずに，展開図を用いて考えていくことにする．まず，正方形を次の図のよ

うに 4 つに分割し，4 つの面，8 つの辺をもつような多面体を考える．この多面体分割をこの節では H とよぶことにする．

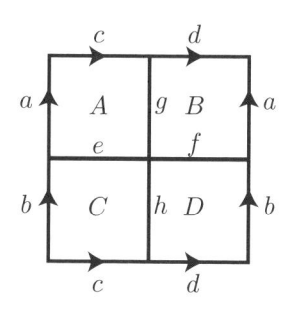

図 2.17 トーラスの多面体分割

問 2.5.1 この多面体分割 H における頂点の個数が 4 個であることを正しく数えよ．

この多面体分割の辺集合は $E = \{a, b, c, d, e, f, g, h\}$ であり，面集合は $F = \{A, B, C, D\}$ である．

2.5.2　0 フック

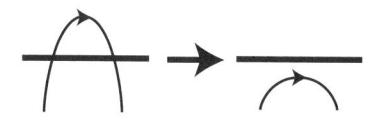

図 2.18　0 フック

そこで，まず各辺について図 2.18 の書きかえを考える．これは通称「0 フック」とよばれる．たとえば，辺 a についていうと，$(AaBaA, A), (BaAaB, B)$ という 2 つの書きかえがこれにあたる．各辺ごとにこのように 2 つの 0 フックが存在しているので，0 フックの総数は $2 \times \#E$ 個あることが分かる．

問 2.5.2 $(AaBaA, A), (BaAaB, B)$ という書きかえをトーラス上の曲線として表現してみよ．

2.5.3　トーラスの多面体分割の普遍被覆

ここで少し寄り道して，トーラスの多面体分割の普遍被覆を求めてみよう．図 2.17 において，面 B の右側には辺 a があり，これは同時に面 A の左側の辺でもある．したがって，図 2.17 を辺 g, h で切って a, b で張り合わせるということをしても全体の図形としては変わらない．

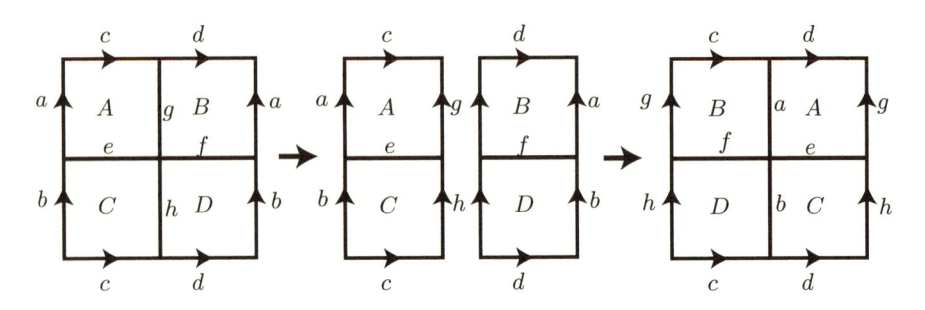

図 2.19　多面体分割の組み換え

こうやって見てみると，面 B からみて左側の辺 g の向こうには面 A があり，右側の辺 a の向こうには面 A がある．もとの曲面では同一の面 A であるが，B からみて右側にある A と左側にある A を別物と考えてみるのが普遍被覆の第一歩である．

B からみて右方向にずっとたどってみると，辺 a を通って面 A へいき，さらに辺 g を通って面 B へいき，さらに辺 a を通って面 A へいき … という繰り返しになる．このことを

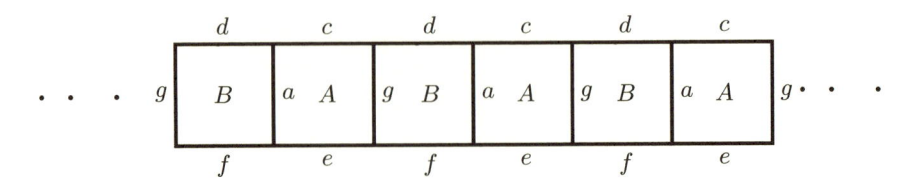

というふうに平面上に並んでいると考えてみる．同じように A の下には C があり，B の下には D があり…，ということまで考えると，図 2.20 のようになる．

このように面の並び方を尊重して平面上にタイルのように敷き詰めたものが普遍被覆 $\tilde{M}$ である．

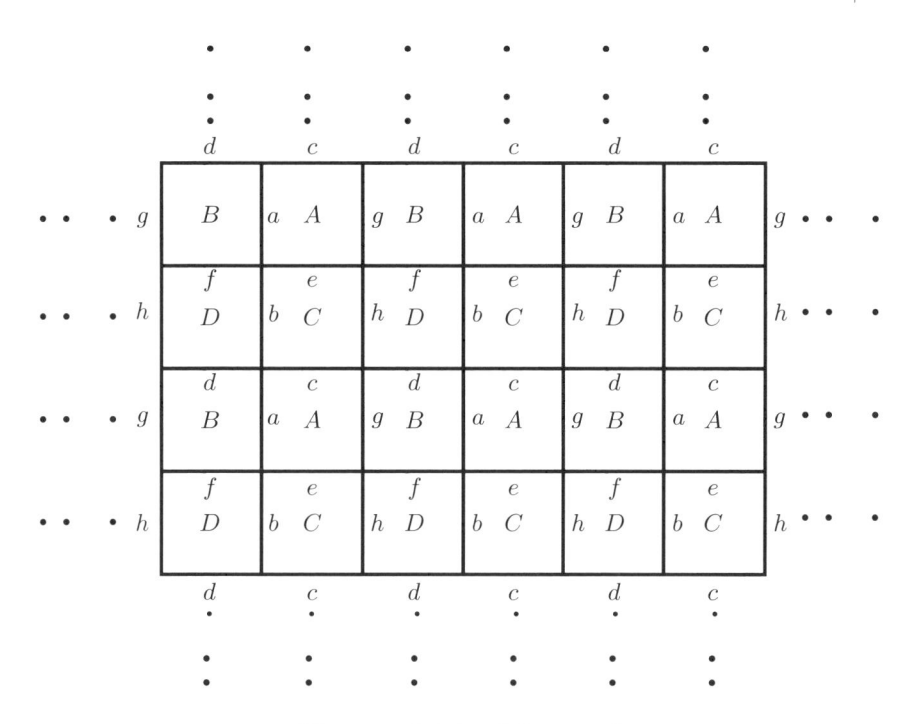

図 2.20　全方向にたどっていく

　トーラス M のデジタルカーブ u に対して，面名と辺名が同じものをたどるような $\tilde{M}$ のデジタルカーブ $\tilde{u}$ を得ることができる．(ただし，始点をどこに選ぶかという任意性はある．) たとえば，$u_1 = AaBgA, u_2 = AgBfDdBaA$ とすると，始点も終点も A であり，トーラスの上では絡まって見えるが (図 2.21)，これを $\tilde{M}$ のデジタルカーブ $\tilde{u}_1, \tilde{u}_2$ とみなすと，はっきりと区別がつくのである (図 2.22).

2.5.4　トーラスの多面体分割のデジタルカーブショートニング

　トーラス上の多面体分割 H について，デジタルカーブショートニング問題を考えよう．すなわち，ホモトピー性，短少性 (したがって完備)，有限な書きかえ系が存在するかという問題を考えよう．

　ここで書きかえ系 R が特定の書きかえを内包するということを定義しよう．

定義 2.38 (書きかえの内包)　書きかえ系 R が書きかえ (u, v) を内包すると

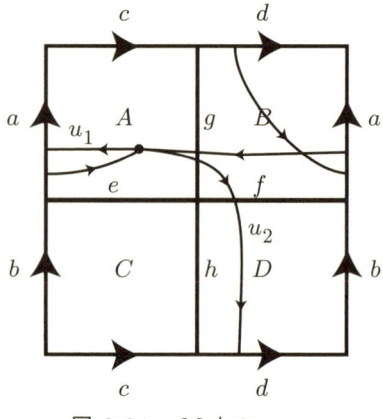

図 2.21 M 上の u_1, u_2

図 2.22 $\tilde{M}$ 上の $\tilde{u}_1, \tilde{u}_2$

は，$u \xrightarrow{R} v$ を満たすことである．

一般的に，求めるべき書きかえ系 R がホモトピー性を満たすことから，R はすべての 0 フックを内包することを示そう．

補題 2.39 書きかえ系 R がホモトピー性・短少性を満たすならば，R はすべての 0 フックを内包する．

証明 いま，面 A と面 B が辺 a を共有しているものとする．このとき，$AaBaA$，A という 2 つのデジタルカーブはホモトピックであり，ホモトピー性よりこの両方から到達可能な極小元が存在しなければならない．書きかえにより始点・終点

は変わらないことから，長さ 0 のデジタルカーブ A は極小元でなければならず，したがって $AaBaA$ から A へ到達可能でなければならない．したがって書きかえ $(AaBaA, A)$ を内包する．(証明終)

2.5.5　1 スライド

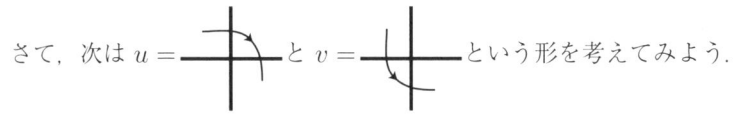

さて，次は $u =$ ─┼─ と $v =$ ─┼─ という形を考えてみよう．

たとえば $u = AgBfD, v = AeChD$ という例を考えてみればよい．この場合，始点は面 A で終点は面 D であるから，A から D へむかうデジタルカーブは最短でも長さ 2 が必要である．R がホモトピー性を持つという条件より，R には (u, v) または (v, u) が内包されていなければいけないことが分かる．

問 2.5.3　$u = AgBfD, v = AeChD$ を図示してみよ．

同じような形はこのほかにも，

$$(BaAeC, BfDbC), (ChDdB, CcAgB), (DbCcA, DdBaA)$$

という書きかえを含んでもよいかもしれない．これらはそれぞれ

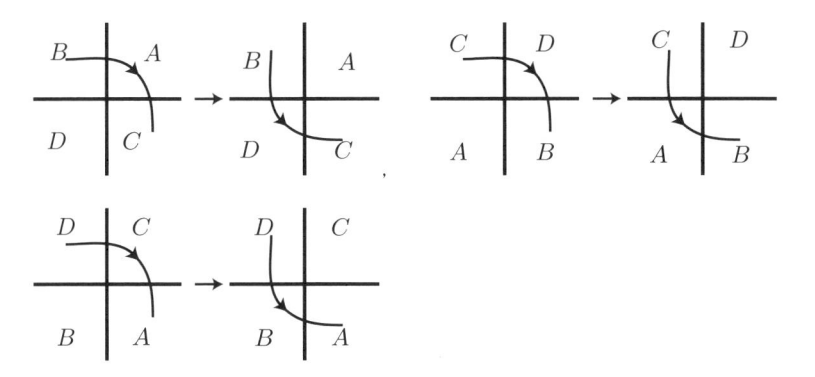

と書き表すことができる．これらの書きかえが求めるものとして適切であるかどうかはあとで調べることにして，これ以外にどのような形の書きかえが必要であ

るかを調べる．そうすると，┼ と ┼ のように頂点の周りを 180 度
ぐるりとまわるようなデジタルカーブに関する書きかえが全部で 4 通り必要であ
ることが分かる．

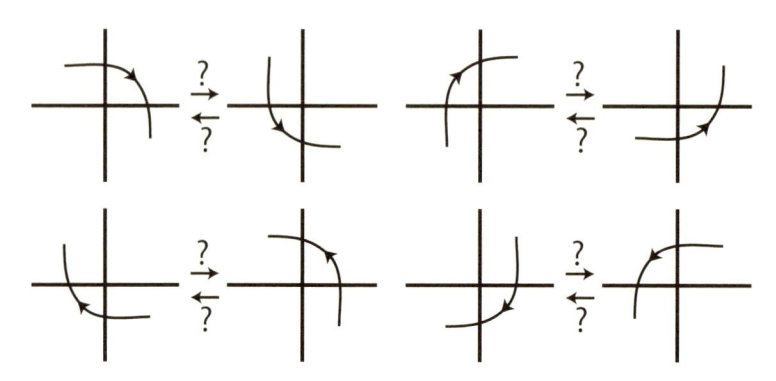

図 2.23 長さ 2 の DC の書きかえ

ここでは，どちらからどちらへの書きかえが適切であるかを考察していないので，とりあえず矢印の向きは決めないでおく．さらに図 2.23 のそれぞれについて，┼ は $\dfrac{A \mid B}{C \mid D}$, $\dfrac{B \mid A}{D \mid C}$, $\dfrac{C \mid D}{A \mid B}$, $\dfrac{D \mid C}{B \mid A}$ の 4 つの場合があることになるので，全部で $4 \times 4 = 16$ 通りの書きかえを準備する必要がある．これら 16 通りについて書きかえを定めたものを 1 スライドとよぶことにする．いま考えているトーラスの多面体分割の場合，1 スライドは 16 種類の書きかえのルールの集まりということができる．

試しに簡単な書きかえ系を考えてみて，それがホモトピー性をみたすかどうか考察してみよう．良し悪しはわからないが，とにかく図 2.23 を次のように書きかえてみて，1 スライドについて考える材料にしてみよう．

図 2.24 の書きかえと 0 フックとをあわせて，書きかえ系 R としてみよう．この書きかえ系はホモトピー性をもつだろうか？ まず次のような例について試してみよう．

この u_1, u_2 は普遍被覆 $\tilde{M}$ の上の 2 つのデジタルカーブを図示したものである．見て分かるように，$\tilde{M}$ で u_1 を (両端を固定したまま) 連続的に変形して u_2 にす

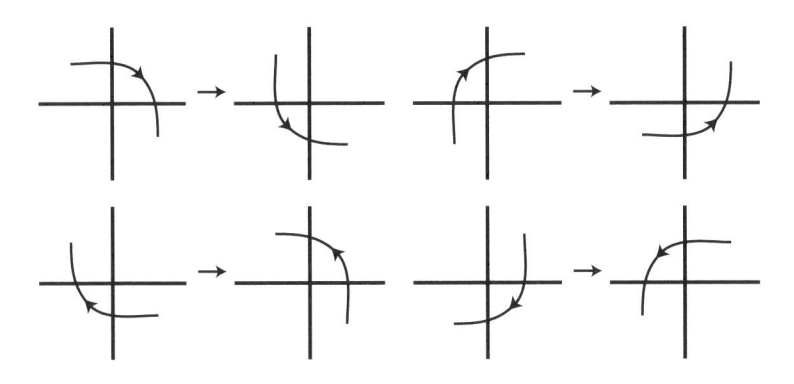

図 **2.24** 1 スライドに関する試しの書きかえ系

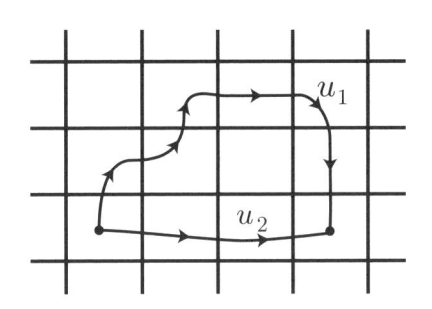

図 **2.25** 試しの例

ることができるので，$u_1 \sim u_2$ であることが分かる．見るからに u_2 はこれ以上短くすることができず，同じ長さで別の経路をとることができないので，極小元であると考えられる．このことから，$u_1 \to u_2$ であることが必要である．もしそれができないような書きかえ系 R は不十分だということになる．

この例の場合には幸いなことに $u_1 \to u_2$ を示すことができる．実際に，図 2.26 のように示すことができる．

問 2.5.4 図 2.25 の u_1, u_2 について，$u_1 \to u_2$ であることを，図 2.26 以外の手順で示してみよ．

では図 2.24 の書きかえ系は完備だろうか？ 一般に与えられた書きかえ系が完備であるかを調べる一般的な法則はない．完備でないことを示すには，ホモトピー性が成り立たないようなペア u_1, u_2 を見つけるのが最短の方法である．幸いなこ

図 2.26　$u_1 \to u_2$ の証明

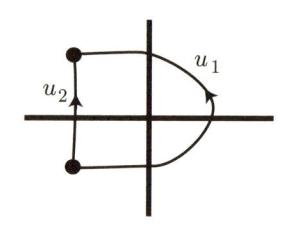

図 2.27　反例

とに，この場合には，容易に反例を構成することができる．

見ればすぐに分かるとおり，u_1, u_2 ともにこれ以上の書きかえはできない，したがって極小元である．一方で $u_1 \sim u_2$ であるので，ホモトピー性が満たされないことが分かる．

完備でないことを示すにはこのようにひとつの反例を提示すれば十分である．では完備であることを示すにはどうすればよいか？そのためには組み合わせ論などの数学的な工夫が必要になる．

2.5.6　完備な書きかえ系の存在

それでは，トーラス上の完備な書きかえ系の例を挙げよう．正解は 1 スライドに関する図 2.24 をほんの少し変更したものである．

定理 2.40　図 2.28 の 1 スライド (ただし ─┼─ は $\dfrac{A \mid B}{C \mid D}, \dfrac{B \mid A}{D \mid C}$,

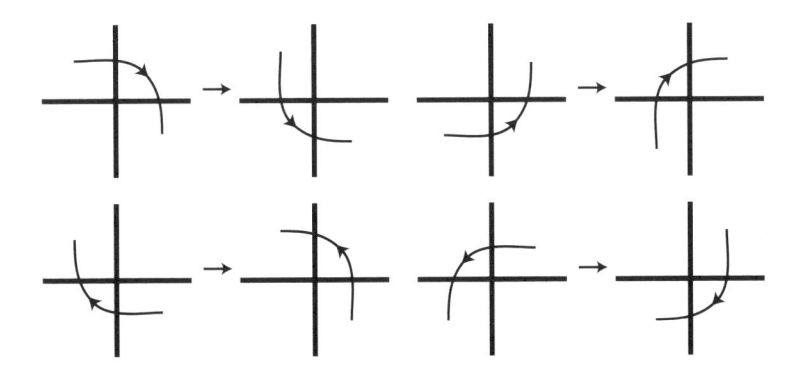

図 **2.28** 1 スライドを調整して完備な書きかえ系を得る

$\dfrac{C \mid D}{A \mid B}$, $\dfrac{D \mid C}{B \mid A}$ の 4 つの場合がある) と 0 フックをあわせた書きかえ系を改めて R とすると，これは完備である．

問 2.5.5 以下の証明を見る前に，この書きかえ系が短少性をもち，かつホモトピー性をもつことを証明してみよう．

証明 $\tilde{M}$ は正方形による平面のタイル張りであることから，デジタルカーブは 4 方位 (N, W, S, E) からなる語に書き直すことができる．たとえば図 2.25 の例であれば，u_1 は"NENEESS"という語に書き直すことができる．

この観点から書きかえ系の要素を検証してみると，0 フックとは

$$\text{NS} \to (\text{なし}), \quad \text{SN} \to (\text{なし}), \quad \text{WE} \to (\text{なし}), \quad \text{EW} \to (\text{なし}) \qquad (1)$$

の 4 つの語の書きかえであることが分かる．さらに図 2.28 の 4 つのルールは

$$\text{ES} \to \text{SE}, \quad \text{EN} \to \text{NE}, \quad \text{WN} \to \text{NW}, \quad \text{WS} \to \text{SW} \qquad (2)$$

の 4 つの語の書きかえであることが分かる．任意の N, W, S, E による語は，(2) を適用することにより，N と S を前のほうに，E と W を後ろのほうへと移動することができる．このことから (2) を有限回適用することにより

「N と S からなる語」と「E と W からなる語」を順に並べたもの

という形へと書きかえることができる．そのあとで (1) を適用することにより，N と S とは互いに消しあうことから，「N と S からなる語」は「N だけからなる語」または「S だけからなる語」へと書きかえることができる．同様に「E と W からなる語」は「E だけからなる語」または「W だけからなる語」へと書きかえることができる．

このことから，デジタルカーブ u に対応する N, W, S, E による語において，N, W, S, E がそれぞれ n, w, s, e 個ずつ現れたとすると，最終的には「$(n-s)$ 個の N (または $(s-n)$ 個の S)」と「$(e-w)$ 個の E (または $(w-e)$ 個の W)」とを順に並べた語へと書きかえることができる．

このことをふまえて短少性，ホモトピー性を検証してみる．

短少性については，N, W, S, E による語の語長ともとのデジタルカーブの長さが一致していることに注意すると，書きかえ系 R はデジタルカーブの長さを長くしない (短少性の条件 1) ことが分かる．長さを変えない書きかえは (2) に相当するが，「N または S」が「E または W」よりも後ろにあれば (その組み合わせは有限通りである)，これを書きかえることができて，「(N と S からなる語) と (E と W からなる語) を順に並べたもの」が得られればそれ以上の (2) による書きかえはできなくなる．このことから長さを変えないような書きかえを無限回続けることはできない (短少性の条件 2) ことが分かる．

ホモトピー性について検証する．正方格子をそのまま整数成分の平面ベクトルに対応させることを考える．つまり，E$\leftrightarrow (1,0)$, W$\leftrightarrow (-1,0)$, N$\leftrightarrow (0,1)$, S$\leftrightarrow (0,-1)$ と対応すると，(1)(2) の書きかえによって，「$(n-s)$ 個の N (または $(s-n)$ 個の S) と $(e-w)$ 個の E (または $(w-e)$ 個の W) とを順に並べた語」は平面ベクトル $(e-w, n-s)$ に対応することになる．いま，2 つのデジタルカーブ u_1, u_2 がホモトピックであるとすると，普遍被覆 $\tilde{M}$ の上では始点と終点とを共有するようなデジタルカーブであることから，特に u_1 と u_2 の終点が一致していて (a,b) であるとすると，(1)(2) の書きかえにより，u_1, u_2 ともに格子点 (a,b) に対応するような「b 個の E (または $-b$ 個の W) と a 個の N (または $-a$ 個の S) をこの順に並べた語」へと到達可能であることがわかり，共通のデジタルカーブへと到達可能であることが示される．このことと補題 2.36 により，ホモトピー性が成立することが示された．(証明終)

2.6 双曲的四路多面体分割上の RS

この節では多面体分割が双曲的四路である場合についてのデジタルカーブショートニング問題について解説する. ソフトウエア「てるあき」では, 種数 2 の閉曲面 (2 人乗りの浮き輪の形) を適切に多面体分割したもののデジタルカーブを取り扱っている. この節では, 双曲的四路の概念の説明と, ソフトウエア「てるあき」を製作していた時点では解決していなかった「双曲的四路における有限な書きかえ系の存在問題」について解説する.

2.6.1 双曲的四路の定義

定義 2.41 (双曲的四路 (hyperbolic orthogonal)) M 上の多面体分割が双曲的四路とはつぎの 2 つの条件を満たすことである.
 (1) 任意の面は五角形以上である.
 (2) 任意の頂点の次数は 4 である.

上の条件をなぜ双曲的とよぶかは次の命題による. 境界のない曲面 (閉曲面) が双曲的であるのは種数が 2 以上の場合 (2 人乗り以上の浮き袋の形) に限られるが, このときオイラー数が負になることが知られている.

命題 2.42 M が境界のない曲面であって, 双曲的四路な分割をもつとする. このとき M のオイラー数は負である.

証明 面の数を f とする. 面のそれぞれのもつ辺数を $e_1, \ldots, e_f$ とする. 双曲的四路の条件 (1) により $e_j \geqq 5$ である. 多面体の辺の総数を e とすると,

$$e = 辺数 = \frac{e_1 + \cdots + e_f}{2}$$

である. 多面体の頂点の総数を v とすると, 双曲的四路の条件 (2) により

$$v = 頂点数 = \frac{e_1 + \cdots + e_f}{4}$$

である. このことから,

$$オイラー数 = \chi(M) = f - e - v$$

$$= f - \frac{e_1 + \cdots + e_f}{2} + \frac{e_1 + \cdots + e_f}{4} = f - \frac{e_1 + \cdots + e_f}{4} < 0$$

となり証明は完了する．(証明終)

定義 2.41 がなぜ双曲的とよばれるかを説明しよう．双曲幾何学においては (参考文献 [10])，三角形の内角の和は π(180 度) より小さくなる．具体的には

$$\text{三角形の内角の和} = \pi - (\text{面積})$$

という公式がある．このことから，三角形の内角の和は π 以下の任意の値となりうることが分かる．双曲的四路の条件 (2) は，多面体分割の面の内角は $\frac{\pi}{2}$ であることを想定していることから，「内角が $\frac{\pi}{2}$ であるような 5 角形 (もしくは 6 角形以上)」によって多面体が構成されていると考えられるが，それを実現するには双曲幾何が必要なのである．

逆向きの命題も成立する．

命題 2.43 種数が 2 以上の境界のない曲面について，双曲的四路であるような多面体分割が存在する．とくに，すべての面が 6 角形であるような双曲的四路多面体分割が存在する．

証明 種数 2 以上の境界のない曲面は図 2.30 のような絵で表すことができる．(図は種数 5 の場合である．) 図 2.29 のような面の張りあわせを 2 つ用意し，それらを境界線で張り合わせることにより曲面を作ることができる．図 2.29 において，中央部分の穴の数は (2 個以上で) 自由に設定することができ，かつこのようにして得られる多面体分割の面はすべて 6 角形である．(証明終))

また，主定理の命題を述べるために 1 つの概念を導入する．

定義 2.44 (2 色化可能) 辺に色付けをして (実線，点線で描く) 各頂点のまわりで辺の色が

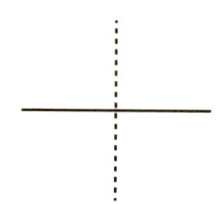

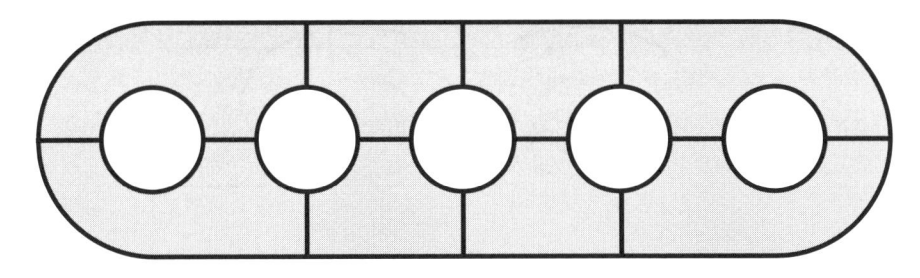

図 2.29 このような多面体分割を二つ用意して境界で張り合わせる

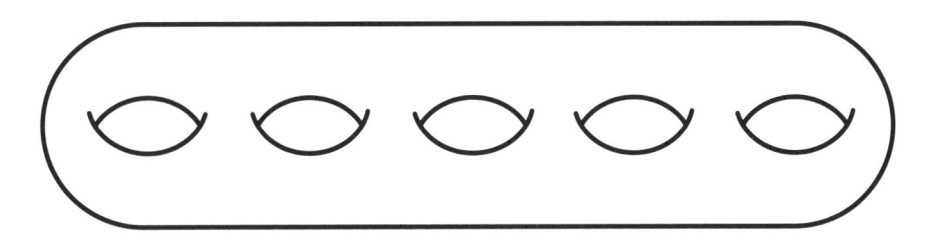

図 2.30 種数 5 の境界のない曲面 (閉曲面)

のように互い違いに現れるようにできるとき，この分割を **2 色化可能な多面体分割**とよぶ．

命題 2.45（1）2 色化可能な多面体分割のすべての面は偶数角形である．

（2）任意の g（ただし $g \geq 2$）について，種数 g の閉曲面は 2 色化可能な多面体分割を持つ．

証明（1）1 つの面についてその辺の色を見ると，実線・点線と互い違いに現れるので，面は偶数角形でなければならない．

（2）図 2.29 において，すでに張ってある辺を点線に，これから張る辺を実線とすれば，2 色化可能である．(証明終)

注意 2.46 上の命題の (1) の逆は成り立たない．すなわち，双曲的四路ですべての面が偶数角形だとしても，2 色化可能とは限らない．図 2.31 がその例である．

2.6.2　主定理のための必要条件

この節の目標は次の定理を証明することにある．

図 **2.31** 2 色化不可能な分割

定理 2.47 双曲的四路である多面体分割において，2 色化可能であるならば，デジタルカーブショートニング問題には解が存在する．すなわち，短少性・ホモトピー性をもつような有限な書きかえ系が存在する．

M を双曲的四路多面体分割をもつ曲面，R を完備でホモトピー性と短少性をもつ書きかえ系とする．このとき，R が満たす必要条件について考えてみる．

まず，前節図 2.18 で定義した 0 フック (個数有限) が R に内包されることは前節で紹介したとおりである．この発展としての n フックについて紹介する．

すべての頂点の次数が 4 であるということから，前の節の正方形格子の場合の類推ができることに注意しよう．普遍被覆 $\tilde{M}$ においても頂点の次数がすべて 4 であるという性質は保たれる．

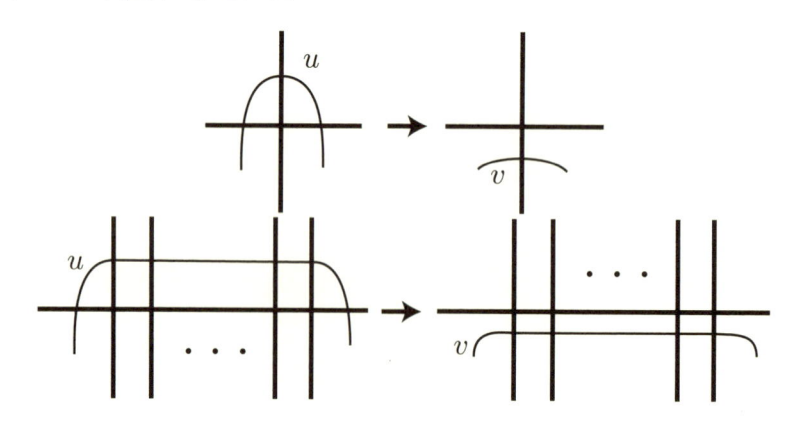

図 **2.32** 上：1 フック，下：n フック (縦棒が n 本)

$\tilde{M}$ において図 2.32 における (u,v) (右から左へ，または左から右へと向きをつけて考えたもの) をそれぞれ 1 フック，n フックとよぶことにする．これらの図において，v はいずれも (始点・終点を固定したときの) 唯一の最短経路を与えて

いるので，$u \to v$ が要請されることになり，すなわち R はこれら n フック ($n = 0, 1, \cdots$) を内包していなければいけないことが分かる．

次は前節で定義した 1 スライドの発展形を定義しよう．

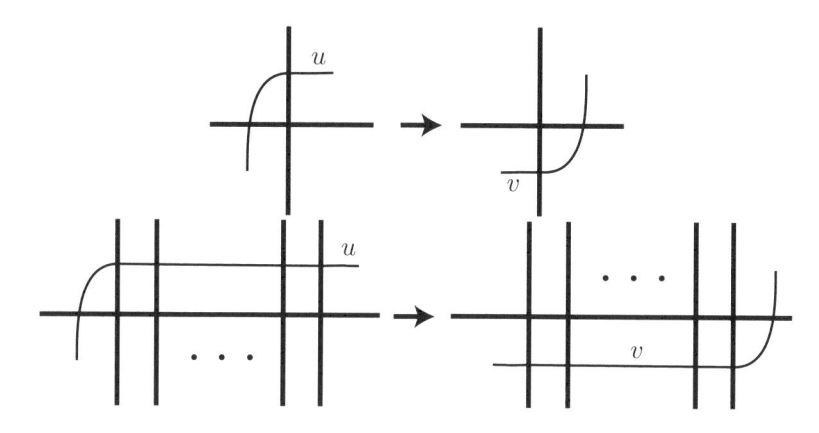

図 2.33 上：1 スライド．下：n スライド (左右逆の場合も考える．)

この図における u, v は始点・終点を固定した場合，どちらも最短の長さで結んでいるようなデジタルカーブであり，かつ $\tilde{M}$ 上ホモトピーである．R がホモトピー性を満たしているという条件から，u, v には共通に到達可能なデジタルカーブが存在しなければならない．

n スライドをさらに発展させた形が $(n_1, \cdots, n_k)$ スライドである．

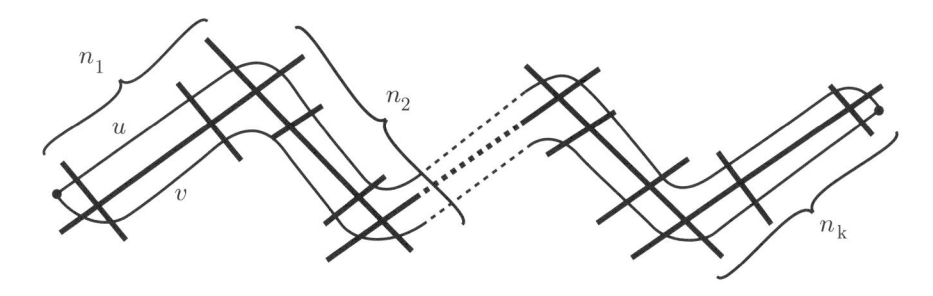

図 2.34 $(n_1, \cdots, n_k)$ スライド (左右逆，上下逆の場合も考える．)

この図における u, v も，始点・終点を固定した場合にどちらも最短の長さで結んでいるようなデジタルカーブであり，かつ $\tilde{M}$ 上ホモトピーである．R によっ

て u, v には共通に到達可能なデジタルカーブが存在しなければならない.

そこで, 定理 2.47 の証明を次の二つのステップに分解して証明を行う.

命題 2.48 M は双曲的四路多面体分割をもつとする. 短少性を満たす書きかえ系 R が n フック, n スライド, $(n_1, \cdots, n_k)$ スライドを内包しているならば, R はホモトピー性を満たす.

命題 2.49 M は双曲的四路多面体分割をもち, すべての面が偶数角形であるならば, 有限で短少性をもつ書きかえ系 R で n フック, n スライド, $(n_1, \cdots, n_k)$ スライドを内包するものが存在する.

2.6.3 命題 2.48 の証明

命題 2.48 の証明をはじめる. 仮定は, M が双曲的四路多面体分割をもつこと, 書きかえ系が短少性を満たすこと, 書きかえ系 R が n フック, n スライド, $(n_1, \cdots, n_k)$ スライドを内包していること, の 3 点である.

この条件のもとに示すことは次の命題である.

(☆) 任意のホモトピックな **2** つのデジタルカーブ w_1, w_2 に対して, w_1, w_2 が共通のデジタルカーブへ到達可能であること.

もしこの命題が正しければ, 補題 2.36 により, R はホモトピー性をもつことになる.

$L = \text{length}(w_1) + \text{length}(w_2)$ に関する数学的帰納法を用いる.

$L \leq 4$ の場合は 0 フック, 1 フック, 1 スライドを内包していることから (☆) は正しい.

補題 2.50 w_1 は $\tilde{M}$ において同じ面を 2 度通らないと仮定してよい. w_2 についても同様である.

w_1 が $\tilde{M}$ 上で f という面を 2 度通ると仮定する. このとき, f を始点・終点とするような (正の長さの) デジタルカーブ u_2 が存在して $w_1 = u_1 u_2 u_3$ と表すことができる (図 2.35).

普遍被覆 $\tilde{M}$ の性質により, 始点・終点が一致している u_2 は $u_2' = f$ (= 面

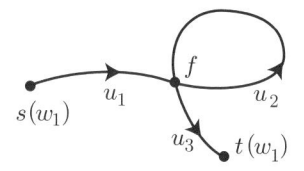

図 2.35 同じ面を 2 回通る場合

f を始点・終点とするような長さ 0 のデジタルカーブ) とホモトピックである. $\text{length}(u_2) + \text{length}(u'_2) < \text{length}(w_1) + \text{length}(w_2)$ なので帰納法の仮定を用いることができて, u_2, u'_2 は共通の到達可能なデジタルカーブをもつ. u'_2 の長さは 0 だから, $u_2 \to u'_2$ であることがわかり, このことから $w_1 = u_1 u_2 u_3 \to u_1 u_3$ である. ここで w_1 の長さが短くなっていることから, 帰納法の仮定により, (☆) は正しい. (証明終)

補題 2.51 w_1, w_2 が $\tilde{M}$ において始点, 終点以外で共通の面を通らないと仮定してよい.

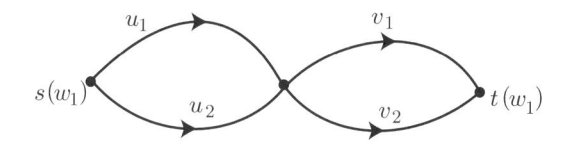

図 2.36 w_1, w_2 が同じ面を通る場合

図 2.36 のように, $w_1 = u_1 v_1, w_2 = u_2 v_2$ であって, $t(u_1) = t(u_2)$ であって, かつ $t(u_1)$ は w_1 の始点・終点とは一致していないものとする.

$s(u_1) = s(u_2) = s(w_1)$ であることに注意すると, $t(u_1) = t(u_2)$ と普遍被覆 $\tilde{M}$ の性質により u_1 と u_2 はホモトピックである. ここで, $t(u_1)$ は w_1 の終点とは一致していないことから.

$$\text{length}(u_1) + \text{length}(u_2) < \text{length}(w_1) + \text{length}(w_2)$$

であるので, u_1 と u_2 は帰納法の仮定から共通の到達可能なデジタルカーブ u_0 が存在する. したがって $u_1 \to u_0, u_2 \to u_0$. 同様に v_1, v_2 も帰納法の仮定から共通の到達可能なデジタルカーブ v_0 が存在する. したがって,

$$w_1 \to u_0 v_0, \quad w_2 \to u_0 v_0$$

であって (☆) は正しい．

以下では，補題 2.50 と補題 2.51 を仮定した上で，(☆) を考えることにする．そのために，このことを説明する用語を定義する．

定義 2.52 (境界対 (bounding pair)) M 上の 2 つのデジタルカーブ w_1, w_2 が**境界対**とは次の 3 つの条件を満たすこととする．

（1） w_1, w_2 はホモトピックである．
（2） w_1, w_2 は両端以外では同一の面を通過しない．
（3） w_1, w_2 のそれぞれは 1 つの面を 1 回だけ通過する．

補題 2.53 (境界円板 (bounding disk)) w_1 と w_2 が境界対だとすると，これらの表す道によって囲まれるような，円板と同相な領域 $D \subset \tilde{M}$ が存在する．これを**境界円板**とよぶことにする．

証明 補題 2.50 と補題 2.51 を仮定すると w_1, w_2 の表す $\tilde{M}$ の道の和集合は

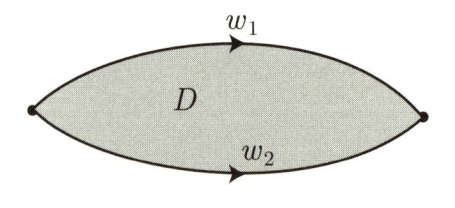

図 **2.37** 境界円板

自己交差のない平面上の閉路になる．このことから，ジョルダンの曲線定理により，w_1, w_2 の表す道の和集合は円板と同相な領域を囲む．これを D とすればよい．(証明終)

定義 2.54 (核 (core)) 境界円板 D にふくまれる $\tilde{M}$ の面・辺・頂点の和集合を w_1, w_2 の**核**とよぶ．

核の形状による場合分けを行い (☆) を示す．まず最初に核が連結であることを示し，そのあとに，いくつかの場合わけを行う．

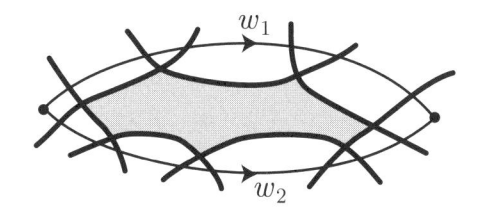

図 2.38　核

補題 2.55　境界対 w_1, w_2 については核 C は連結である.

証明　背理法を用いる.核 C が連結でないと仮定する.すると,ある閉じたデジタルカーブ δ で次の条件を満たすものが存在する.
(1) δ は C と共通部分をもたない.
(2) δ は C の連結成分を分離する.

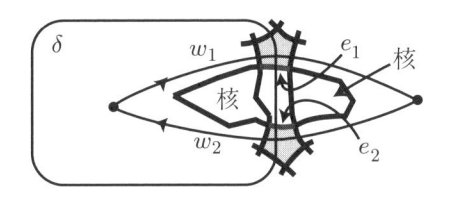

図 2.39　δ によって核を分離する

このことから δ と $w_1 \cup w_2$ は少なくとも 2 か所 (の面) で交差する (図の斜線部).なぜならば,w_1, w_2 は境界対であることから同一の面を 2 度通ることがないからである.このことからその 2 つの面に隣接する辺のうち,δ が通過し,かつ境界円板の内側にあるものが存在する.(図の辺 e_1 や e_2.$e_1 = e_2$ の可能性もあるが,少なくとも 1 つ存在している.) この辺は境界円板の内側にある辺であるので核 C の一部分であるが,一方で δ と交わっていることから,$C \cap \delta = \emptyset$ に矛盾する.このことから C が連結であることが示された.(証明終)

2.6.4　核 C が面を含まない場合

この節では,核 C が面を含まず,辺と頂点だけからなる場合について考察する.この場合は次の補題が成り立つ.

補題 2.56 核 C が面を含まない場合，C は樹形になる．ただしここで，樹形とは辺と頂点からなるグラフで単連結である (＝輪状の閉路がない) ものをいう．

証明 核 C が面を含まないという仮定より，C がグラフになることはよい．C が単連結でないと仮定して矛盾を導こう．C の部分グラフであって輪状の閉路 γ があると仮定する．

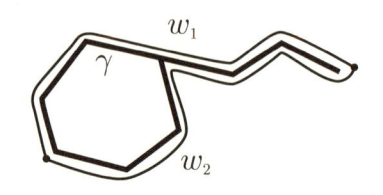

図 2.40 輪状の閉路 γ がある場合

今，$\gamma \subset C \subset \tilde{M} \, (\cong \mathbb{R}^2)$ なので，ジョルダンの定理より γ は $\tilde{M}$ を内側と外側の 2 つの部分に分割する．核は境界円板の内側にあり，w_1, w_2 は境界円板の境界にあるので，w_1, w_2 はともに $\gamma \subset C$ の外側にある．

したがって，γ の内側にある面は境界円板の内側にあることになる．γ の内側にある面は核 C に含まれなければいけないが，C が面を含まないという仮定に反する．以上より核は輪状の閉路を持たず，樹形をしていることが示された．(証明終)

次は核が樹形である場合の細かい形状について考えてみる．

定義 2.57 C が樹形であるとき，**端点**とは次数 1 であるような頂点のことであるとする．(次数は，その頂点を通る辺の延べ本数.) **枝分かれ点**とは次数 3 または 4 の頂点のことであるとする．

命題 2.58 核 C が樹形で，枝分かれ点を持つとき，w_1, w_2 のいずれかは 1 フックを含む．したがって，長さが短い場合に問題を帰着させることができる．

証明 樹形のグラフが枝分かれ点をもつとすると端点は 3 つ以上ある．
このことから始点の面や終点の面のいずれにも隣接しないような C の端点が存在する (図の例では右上の端点)．するとこの端点のまわりが 1 フックになっている．したがって，w_1, w_2 の長さの和が，より短い場合に問題を帰着させることができる．(証明終)

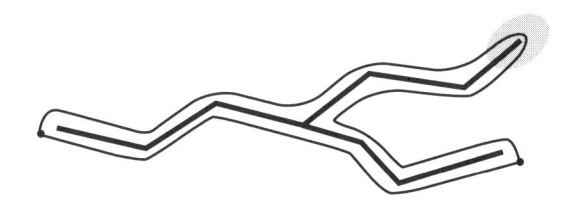

図 **2.41** 枝分かれ点がある場合

核 C が樹形であってかつ枝分かれ点をもたない場合が残った．枝分かれ点がないことから，C は (辺と頂点からなる) 1 つの道を構成する．各頂点は四路であることから，道を端から端までたどることを考えると，頂点において「左折」「直進」「右折」のいずれかを区別することができる．

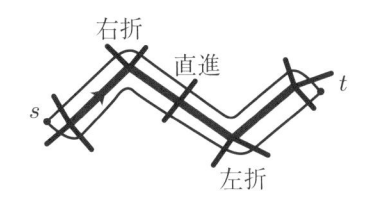

図 **2.42**　「右折」「直進」「左折」

そこで次の 3 つの場合を考える．(1) 直進のみの場合，(2) 直進をはさんで右折・右折 (または左折・左折) と続く部分がある場合，(3) 直進をはさんで右折と左折とが互い違いに現れる場合．

(場合 1)　核 C が直進のみの場合は，つまり n フック (図 2.32) か n スライド (図 2.33) の場合であるから，共通に到達可能なデジタルカーブが存在する．

(場合 2)　「右折・直進・・・・・直進・右折」の場合は，すなわち図 2.43 のようになるが，これは n フックを含んでいるので，共通の部分を通過する場合 (補題 2.51) に帰着させることができる．

図 **2.43**　場合 2

(場合 3) 直進をはさんで右折と左折が交互に現れる場合はさらに 2 つの場合がある．両端に図 2.44 のような形が現れるときには n フックが現れるので補題 2.51 に帰着でき，そうでなければ $(n_1, n_2, \cdots, n_k)$ スライド (図 2.34) が現れるので，共通に到達可能なデジタルカーブが存在することが分かる．(証明終)

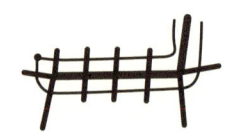

図 2.44　場合 3

2.6.5　核が面を含む場合

次に核が面を含む場合を調べていこう．面が連なって塊のようになっているところをクラスタとよぶことにし，クラスタの形状を調べることにしよう．

定義 2.59 (**クラスタ (cluster), 外辺 (outer edge)**)　核 C の内部 (の閉包) の連結成分を**クラスタ**とよぶ (図 2.45)．また，クラスタの境界を反時計回りにたどったときに直進をはさんで左折が 2 回続くような部分 (図 2.46 のような位置にあるクラスタの境界上の部分) を**外辺**とよぶ．

図 2.45　灰色部分がクラスタ

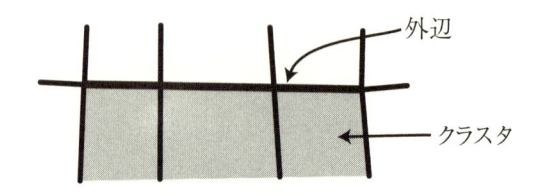

図 2.46　外辺

例 クラスタは複数個の隣接した面により構成されることもある．1つの面からなるクラスタはすべての辺が外辺である．3つの面が図 2.47 の左図ような形に連なっているようなクラスタでは，色のついた太線の部分が外辺であって，7つの外辺がある．(右図には外辺が 8 つある．)

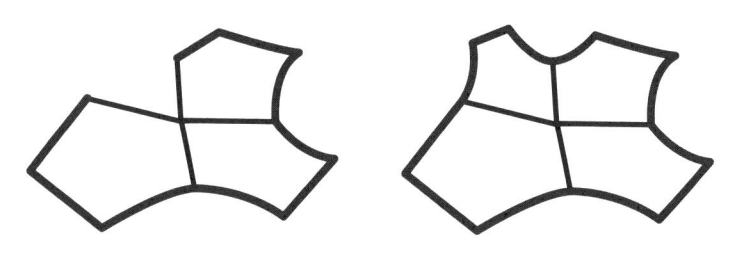

図 2.47 太線が外辺，右：凸包

命題 2.60 多面体分割が双曲的四路なら 1 つのクラスタに少なくとも 5 か所の外辺が存在する．

証明 この証明では双曲的四路であることが重要なので，その定義を復習しておく．多面体分割が双曲的四路であるとは，各頂点の次数が 4 であり，かつそれぞれの面は 5 角形以上であることをいう．

補題 2.53 より核は単連結であるので，クラスタも単連結になる．ここで補題として，クラスタが凸である場合についてまず証明する．

定義 2.61 (凸領域，凸包) (1) $\tilde{M}$ の面・辺・頂点からなる図形 K が**閉領域**であるとは，集合として閉集合であることである．すなわち，ある面が K に含まれるならば，その周りの辺・頂点も K に含まれ，ある辺が K に含まれるならば，その両端の頂点も K に含まれることをいう．

(2) $\tilde{M}$ の閉領域 K が**凸**であるとは，連結でありかつ単連結であり，反時計回りに境界に沿って一周したときに直進または左折 (これを「内角 $\frac{\pi}{2}$ の角」とよぶことにする) しかしないような図形のことをいう．境界上にある頂点のそれぞれについて，隣接する面が 1 つまたは 2 つに限られる，と言い換えてもよい．

(3) $\tilde{M}$ の閉領域 K に対して，K を含むような凸な図形であって，集合の包含関係について最小であるようなものを**凸包**という．

例 たとえば図 2.47 左のふちを反時計まわりに一周すると，図の中央あたりのところで「右折」するところがある．したがってこの図は凸ではない．一方で，右図のように面をひとつ追加した形を考えると，今度は凸であるので，これが左図の凸包になっている．

注意 2.62 任意の有界な閉領域に対して有界な凸包は必ず存在する．

補題 2.63 (1) もしクラスタが凸ならば内角 $\frac{\pi}{2}$ の角を 5 つ以上もつ．
(2) もしクラスタが凸ならば，外辺を 5 本以上もつ．

証明 (1) 面の枚数に関する帰納法で証明する．
面が 1 つのときは 5 角形以上なので内角 $\frac{\pi}{2}$ の角は 5 つ以上ある．
面が 2 つ以上あり，かつ凸であるとき，クラスタの内部に含まれる辺が少なくとも 1 つある．この辺 (およびその延長で) C を 2 つの凸なものに分割できる．

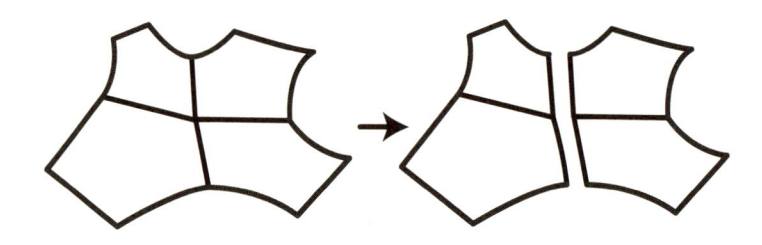

図 2.48 凸なクラスタを 2 つの凸な領域に分解できる

分割したそれぞれは帰納法の仮定により，内角 $\frac{\pi}{2}$ の角を 5 つ以上もつ．C はそれを 2 つあわせたものなので内角 $\frac{\pi}{2}$ の角を $5 \times 2 - 4$ 個以上もつ．
(2) クラスタの境界を反時計回りにたどったとき，ひとつの内角 $\frac{\pi}{2}$ の角 (すなわち左折) から次の内角 $\frac{\pi}{2}$ の角 (すなわち左折) までを外辺とよぶので，凸であるという条件より，角 (=左折) の個数と同じだけの外辺があることになる．(証明終)

注意 2.64 (1) 上の証明から分かるように，実際にそのような角が 5 つというのは面が 1 つのときに限ることが分かる．
(2) 平面上の双曲的四路タイリングは双曲平面 (双曲幾何学を有するような平面) 上に測地的でかつ角が直角であるようなタイリングとして実現できるという定理を認めれば，もし凸で内角が $\frac{\pi}{2}$ であるような多角形があるとすると 5 角形以上であることがただちに分かる．

補題 2.60 の証明 補題 2.63 より，クラスタの凸包は外辺 (に相当するもの) を 5 つ以上有することがわかっている．一方で，凸包の外辺はもとのクラスタの辺を必ず含む．このことから，凸包の外辺の本数と同じだけ，クラスタには外辺があることになり，外辺が 5 本以上あることが示される．(証明終)

さて，クラスタの形状の特長がわかったところで，これらをつないでいる部分の形について考えてみよう．

定義 2.65 (節外辺) クラスタの任意の外辺に対してその両端，あるいはまん中において (1) 始点，終点 (を含む面) が隣接している，または (2) クラスタ以外の辺が隣接している，のいずれかの場合，その外辺を**節外辺**とよぶ．

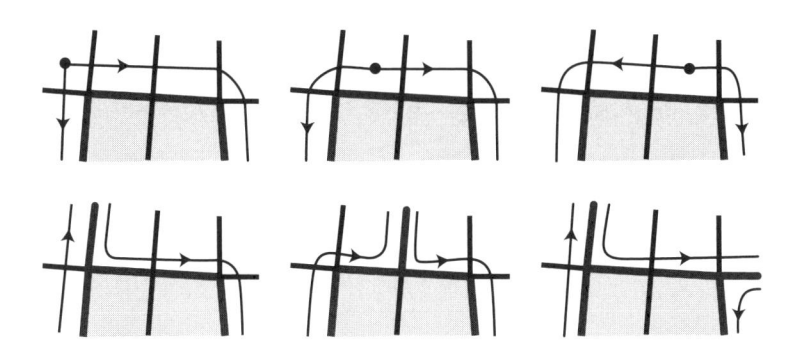

図 2.49 節外辺の 6 つの例

この図からも分かるように，節外辺には n フックは含まれないが，節外辺でない外辺には n フックが含まれる．このことから，節外辺でない外辺が少なくとも 1 つあれば，n フックによる書きかえを行うことにより，w_1, w_2 の長さの和が小さい場合へと帰着できる．したがって，ここから以降はどのクラスタについても「節外辺でない外辺」はない，つまり外辺がすべて節外辺であると仮定しよう．

もし，あるクラスタに始点 (または終点) が隣接しているとすると，そこで最大で 2 本の節外辺が現れる可能性がある．クラスタ以外の辺が隣接している場合も，そのような辺 1 本につき最大で 2 つの節外辺が現れる可能性がある．一方で，補題 2.60 より，各クラスタには 5 つ以上の外辺が存在していることから，各クラスタごとに「始点」「終点」「クラスタ以外の辺」がのべ 3 つ以上なければならない．

クラスタが全部で c 個あるとすると，$3c$ 個以上の「始点」「終点」「クラスタ以外の辺」があることになる．このうち「始点」と「終点」はそれぞれ 1 つ，した

がってクラスタ以外の辺は $3c-2$ 個以上である．核は全体で単連結なことから，クラスタ同士を結ぶものは高々 $c-1$ (クラスタ以外の場所で 3 叉路・4 叉路がありうるので $c-1$ 以下になることもある) 本で，その寄与は $2(c-1)$ 本．したがって，

$$3c - 2 - 2(c-1) = c > 0$$

という計算により，「どことも結ばれないようなクラスタ以外の辺」というものが存在する．そのような辺はどことも結ばれていないことから辺の端が必ず存在し，そこに 1 フックが現れることが分かる (図 2.50)．

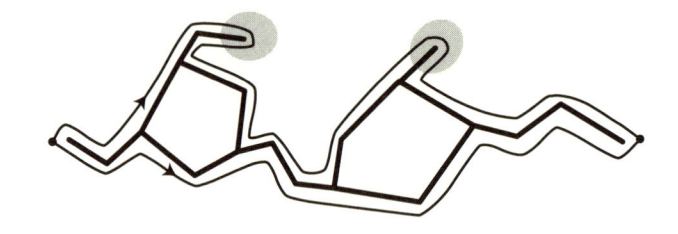

図 **2.50** どことも結ばれないようなクラスタ以外の辺には 1 フックが現れる

以上により，核 C に面が含まれる場合には，どこかに n フックが現れることが示された．このことは，n フックによって書きかえることにより，w_1, w_2 の長さの和が小さい場合へと帰着できることになり，帰納法の仮定により任意の場合について命題 2.48 の証明が完了する．

2.6.6　命題 2.49 の証明

　n フックは書きかえを具体的に与えているが，n スライドはそうではない．もう一度図 2.33 を見てみよう．この図における u, v はどちらも最短の長さで結んでいるようなデジタルカーブである．n スライドの要件としては共通に到達可能なデジタルカーブが存在するのが必要条件であるが，現実的に考えて，(u, v) または (v, u) が書きかえ系に含まれていればよさそうである．もっとも，n スライドの図は元の曲面 M においても無限通りある (n のとり方が自然数の分だけあるため) ので，そのままでは書きかえ系の有限性は満たされそうにもない．

　このことから，有限個の書きかえであって，n フック，n スライドの両方を導けるようなものを探す必要がある．

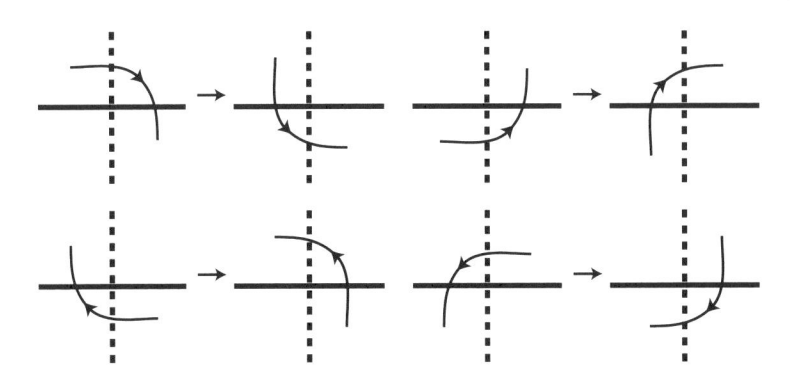

図 2.51　問題の解決

補題 2.66　2 色化可能な多面体分割にたいして 1 スライドを図 2.51 によって与えると (下段は上段を半回転したものである), 0 フックとこの 1 スライドからなる書きかえ系 R は n フック, n スライド, $(n_1,\cdots,n_k)$ スライドを内包する.

証明　(n フックを内包している証明) n に関する帰納法を用いる. $n = 0$ では R に含まれているので正しい. $n > 0$ の場合には, 図 2.52 の 4 つの場合があるが, いずれも網掛けの部分を書きかえることができて $n-1$ の場合に帰着できる.

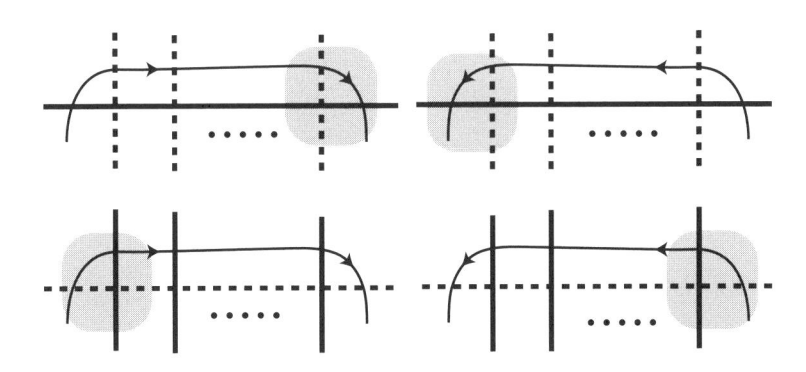

図 2.52　n フックは書きかえられる

n スライド, $(n_1,\cdots,n_k)$ スライドについては次の補題を準備する.

補題 2.67　図 2.53 の左側の図の 2 つのデジタルカーブは, 右側のどちらかの図へと到達可能である. (このことは, これらの図の鏡像についてもいえる.)

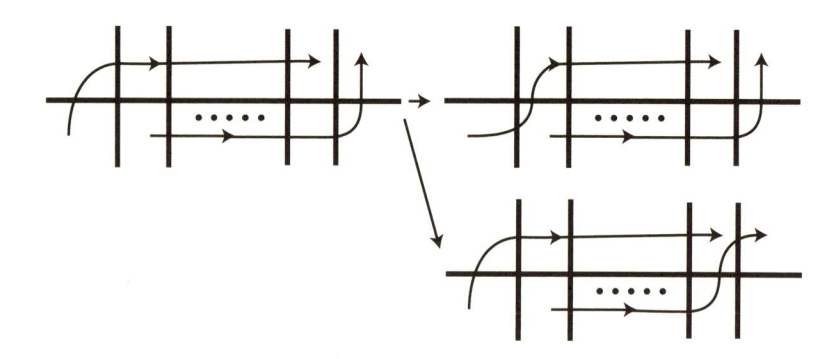

図 **2.53**　n スライドのための補題

証明　図 2.54 より網掛け部を書きかえることにより得られる．(証明終)

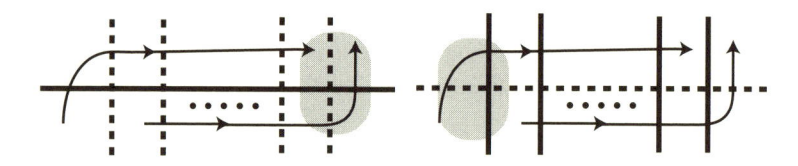

図 **2.54**　補題 2.67 の証明

1 スライドについては，図 2.51 より解決されている．$n > 1$ に対して n スライドを考えると，これは図 2.55 の網掛け部分が補題 2.67 に該当するので，$n-1$ スライドの場合に帰着できる．

$(n_1, \cdots, n_k)$ スライドについては，図 2.56 の網掛け部分が補題 2.67 に該当するので，スライド数がより小さい場合へと帰着できる．

2.6.7　未解決問題

問 2.6.1（未解決）　双曲的四路の多面体分割が 2 色化可能でないときにもデジタルカーブショートニング問題は解があるか？ すべての面が偶数角形であれば解があるか？（まったく未解決である．）

問 2.6.2（未解決）　非楕円的四路であることを，(1) 頂点の次数はすべて 4 である，(2) 面は 4 角形以上である，と定める．このときにも 2 色化可能性を同様に定義することができるが，デジタルカーブショートニング問題は解があるか？ こ

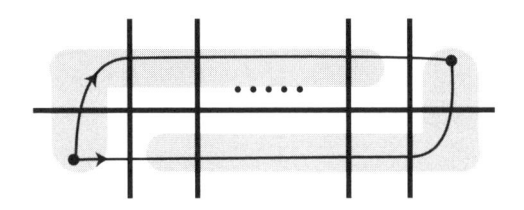

図 **2.55** n スライドの証明

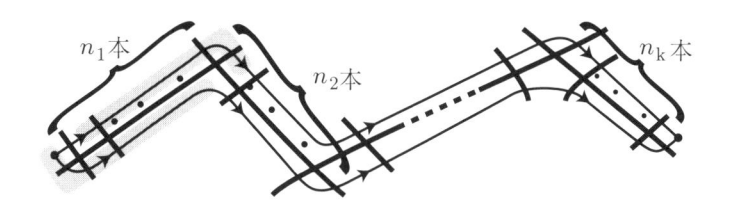

図 **2.56** $(n_1, \cdots, n_k)$ スライドの証明

の場合には，コアが 4 角形になる場合があり，補題 2.63 が成り立たない．そのうえで多少の考察を加えることにより問題は解決するだろうか？(おそらく解決可能である．)

問 2.6.3 (未解決)　M を，双曲的四路な多面体分割をもつ曲面でありかつ 2 色化可能であると仮定する．このとき，自由閉路の集合 $FDL(M)$ についての書きかえ系でデジタルカーブショートニング問題の解になっているものはあるか？(おそらく肯定的に解決可能である．)

問 2.6.4 (未解決)　上と同じ問題を非楕円的四路で考えた場合はどうか．(おそらく否定的に解決可能である．)

2.7　三路 (trivalent) の場合

2.7.1　非楕円的三路の定義

定義 2.68 (非楕円的三路)　(1)　曲面 M の多面体分割が三路であるとは，すべての頂点の次数 (=頂点からでる辺の本数) が 3 であることをいう．

(2)　M の多面体分割が双曲的三路とは，三路であってかつすべての面が 7 角

形以上であることをいう．

（3） M の多面体分割が非楕円的三路とは，三路であってかつすべての面が 6 角形以上であることとする．

（4） M の多面体分割が三路であるとき，この多面体分割が**辺向き付け可能**であるとは，各頂点において，のいずれかになるようにできることをいう．

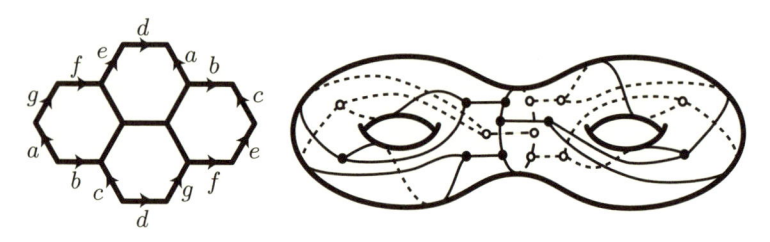

図 2.57 左：トーラスの 6 角形による三路多面体分割．右：種数 2 の曲面の 8 角形による三路多面体分割

問 2.7.1 （1）辺向き付け可能ならば各面は偶数角形であることを示せ．
（2） $g \geq 2$ であるような自然数 g に対して，種数 g の閉曲面（g 人乗りの浮き輪型）には 8 角形による三路多面体分割が存在する．$g = 2$ の場合の解は図 2.57 の右図である．$g > 2$ の場合の具体的な分割方法を見つけよ．

この節の目標は次の定理を証明することである．

定理 2.69 閉曲面 M の多面体分割が非楕円的三路で辺向き付け可能ならば，カーブショートニング問題には解が存在する．

証明 実際に次のような書きかえ系を考える．図 2.58 を 0 フック，図 2.59 を 1 フック，図 2.60 を 1 スライドとよぶことにする．

M を非楕円三路な多面体分割をもつ曲面とし，辺向き付け可能であるとする．書きかえ系 R はすべての 0 フック，1 フック，1 スライドの集合であるとする．

まず R が有限集合であることを示そう．

補題 2.70 R は有限集合である．

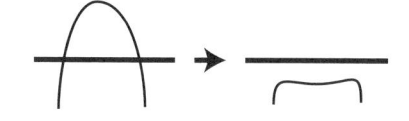

図 2.58　0 フック

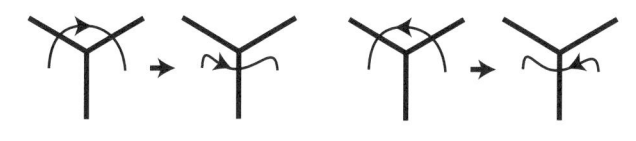

図 2.59　1 フック

図 2.60　1 スライド

証明　0 フックの図は各辺ごとに 2 パターンありうる．0 フックの総数は $\#E \times 2$ (E は辺全体の集合，$\#E$ は辺全体の集合の要素の個数，すなわち辺の総本数) である．

1 フックの図は各頂点ごとに 6 パターンありうる．このことから，1 フックの総数は $\#V \times 6$ (V は頂点全体の集合) である．

1 スライドの図は各辺ごとに 2 パターンありうる．このことから，1 スライドの総数は $\#V \times 2$ (V は頂点全体の集合) である．

以上より，R は有限集合であることが示された．(証明終)

2.7.2　短少性

次は短少性を示すが，この証明はいくつかの準備が必要でやや長い．まずは示すべき命題をはっきりさせておこう．

命題 2.71　R は短少性を満たす．

証明　0 フック，1 フックはデジタルカーブの長さを短くする．1 スライドは長さを保ったままであるので，以下では 1 スライドを無限回適用できないことを示

そう．

　長さ n のデジタルカーブに 1 スライドを無限回適用できるとするならば，必ずループが現れる．つまり，あるデジタルカーブ w が存在して，w に 1 スライドを何回か適用させて w を得ることができる．なぜならば，長さ n のデジタルカーブ全体は有限集合であり，そのなかで書きかえの無限列ができるとすればループが必ず現れるからである．

　次は，与えられたデジタルカーブ w に対して，3 つの数列 $\{m_i\}, \{n_i\}, \{o_i\}$ を定義する．1 スライドを適用するごとにこれらの 3 つの数列がどのように変化するかを丹念に調べることによって，短少性を示すことができる．

定義 2.72 $w = f_0 e_0 f_1 e_1 \ldots f_l e_l f_{l+1}$ とする．(ただし f_i は面，e_i は辺，l は w の長さとする．) 以下，$i = 1, 2, \cdots, l$ とする．

(1) 面 f_i の辺の数を m_i とする．すなわち，f_i が m_i 角形であるとする．

(2) w が通過する各面 f_i の辺に反時計まわりに $1, 2, \cdots, m_i$ とラベルをつけて

$$n_i \equiv (e_i \text{のラベル}) - (e_{i-1} \text{のラベル}) \quad (\text{mod. } m_i)$$

と定義する[1]．n_i は $\mathbb{Z}/m_i\mathbb{Z}$ (=整数を m_i で割った余りの集合) の要素である．すなわち $n_i \in \{0, 1, \cdots, m_i - 1\}$ と考えてもよい．これは辺のラベルのつけかたによらずに定まる．(図 2.61 の例では $n_i \equiv 6 - 4 \;(\text{mod. } 8) \equiv 2 \;(\text{mod. } 8)$ である．)

(3) 図 2.62 に従って，図 2.62 の左図の場合には $o_i = 0$，右図の場合には $o_i = 1$ であるとする．ただし o_i は $\mathbb{Z}/2\mathbb{Z}$ (=整数を 2 で割った余りの集合，すなわち $\{0, 1\}$) の要素である．

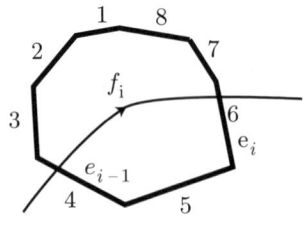

図 2.61　n_i の定義

---

[1] $\equiv$ と $(\text{mod. } m_i)$ については，補遺 A.1 の例 (172 ページ) を参照のこと

図 2.62 左：$o_i = 0$，右：$o_i = 1$

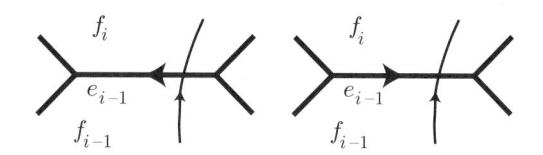

補題 2.73 1スライドを適用できる必要十分条件は $(n_i, o_i) = (\pm 2, 0)$ となる i が存在することである．ただしここで，$m_i - 2 \equiv -2 \pmod{m_i}$ であるので，$m_i - 2$ のことを単に -2 と表記することにする．

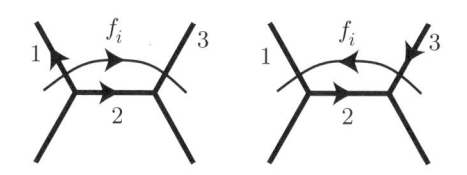

図 2.63 補題 2.73 の証明

証明 図 2.63 の左図において，$n_i = 3 - 1 = 2, o_i = 0$ である．右図において $n_i = 1 - 3 = -2, o_i = 0$ である．逆に $n_i = \pm 2, o_i = 0$ とすると図 2.63 のいずれかの図になることから，1スライドを適用できる．

補題 2.74 $i = 1, 2, \cdots, l-1$ に対して $o_{i+1} \equiv o_i + n_i + 1 \pmod{2}$ である．

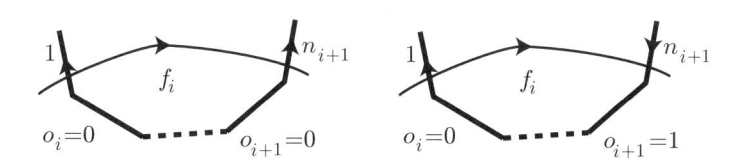

図 2.64 左：n_i が奇数のとき，右：n_i が偶数のとき

証明 $o_i = 0$ とすると e_{i-1} は f_i からみて時計まわりの向きであり，そこで n_i が奇数なら e_i は f_i からみて反時計まわり．よって $o_{i+1} = 0$（左図）．n_i が偶数なら e_i は f_i からみて時計まわり．よって $o_{i+1} = 1$（右図）．$o_i = 1$ の場合は o_{i+1} が逆になる．以上より $o_{i+1} \equiv o_i + n_i + 1 \pmod{2}$ が成り立つ．(証明終)

補題 2.75 w に 1 スライドを適用して w' を得たとする．それぞれ w から $\{m_i\}, \{n_i\}, \{o_i\}$，$w'$ から $\{m'_i\}, \{n'_i\}, \{o'_i\}$ が得られたとする．$\varepsilon = \pm 1$ として，$n_i = 2\varepsilon, o_i = 0$ とするならば（したがって $o_{i+1} = 1$），

$$n'_{i-1} = n_{i-1} - \varepsilon, \quad n'_i = -2\varepsilon, \quad n'_{i+1} = n_{i+1} - \varepsilon$$

$$o'_{i-1} = o_{i-1}, \quad o'_i = 1, \quad o'_{i+1} = 0$$

である．

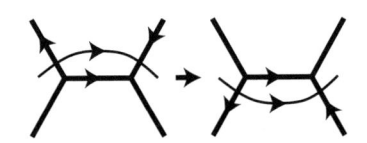

図 2.65　$n_i = 2, o_i = 0$ のとき

証明　$n_i = 2$ の場合には図 2.65 のようになるが，1 スライドを行った後の形を見ると，n_{i-1} は 1 減っており，$n_i = -2$ であり，n_{i+1} は 1 減っている．したがって

$$n'_{i-1} = n_{i-1} - 1, \quad n'_i = -2, \quad n'_{i+1} = n_{i+1} - 1$$

である．また図より $o'_i = 1, o'_{i+1} = 0$ も分かる．$\varepsilon = -1$ の場合にも絵を描いてみれば同様に確かめることができる．(証明終)

問 2.7.2　$\varepsilon = -1$ の場合に絵を描いて補題 2.75 を確かめてみよ．

補題 2.76　$l = \text{length}(w)$ とし，w の向きを逆にしたものを $\overline{w}$ でかくことにすると，

$$m_i(\overline{w}) = m_{l+1-i}(w)$$

$$n_i(\overline{w}) \equiv -n_{l+1-i}(w) \pmod{m_{l-i}(w)}$$

$$o_i(\overline{w}) \equiv o_{l-i}(w) + 1 \pmod{2}$$

$$(n_i(w), o_i(w)) = (\pm 2, 0) \Leftrightarrow (n_{l+1-i}(\overline{w}), o_{l+1-i}(\overline{w})) = (\mp 2, 0)$$

証明　m_i, n_i, o_i の定義より自明である．

問 2.7.3 補題 2.76 を示せ.

定義 2.77 (可動部分語 (**movable subword**)) w をデジタルカーブとし, u をその部分語であるとする (すなわち $u \subset w$). u が w の可動部分語であるとは, 以下の 3 条件を満たすことと定義する.

（1） $\{n_i(u)\}$ は次の形をしている:

$$\{\underbrace{3,\cdots,3}_{e_1},2,\underbrace{3,\cdots,3}_{e_2},4,\underbrace{3,\cdots,3}_{e_3},2,\underbrace{3,\cdots,3}_{e_4},\cdots$$

$$,\underbrace{3,\cdots,3}_{e_{k-2}},4,\underbrace{3,\cdots,3}_{e_{k-1}},2,\underbrace{3,\cdots,3}_{e_k}\} \text{ または}$$

$$\{\underbrace{-3,\cdots,-3}_{e_1},-2,\underbrace{-3,\cdots,-3}_{e_2},-4,\underbrace{-3,\cdots,-3}_{e_3},-2,\underbrace{-3,\cdots,-3}_{e_4},\cdots$$

$$,\underbrace{-3,\cdots,-3}_{e_{k-2}},-4,\underbrace{-3,\cdots,-3}_{e_{k-1}},-2,\underbrace{-3,\cdots,-3}_{e_k}\}$$

（2） $o_1(\delta) = 0$.

（3） u は u を含むような (1), (2) をみたす w の部分語のうちで最長のものとする. すなわち, u' が $u \subset u' \subset w$ かつ (1), (2) をみたすとすると, $u = u'$ である.

注意 2.78 （1） e_i は 0 もあり得る. たとえば $e_1 = 3, e_2 = 0, e_3 = 2, e_4 = 1, e_5 = 3, e_6 = 0$ ならば,

$$\{3,3,3,2,4,3,3,2,3,4,3,3,3,2\}$$

である.

（2） 単独の 2 も $k = 2, e_1 = e_2 = 0$ と考えれば可動部分語の候補である.

例 $$\left\{\begin{matrix}n_i \\ o_i\end{matrix}\right\} = \left\{\begin{matrix}3,2,3,5,3,2,4,4,2,3,5,2,4,2 \\ 0,0,1,1,1,1,0,1,0,1,0,0,1,0\end{matrix}\right\}$$

とすると, $\left\{\begin{matrix}3,2,3 \\ 0,0,1\end{matrix}\right\}, \left\{\begin{matrix}2,3 \\ 0,1\end{matrix}\right\}, \left\{\begin{matrix}2,4,2 \\ 0,1,0\end{matrix}\right\}$ の部分が可動部分語の候補になる. なお, $m_i = 6$ であれば $4 \equiv -2$ であるし, $m_i = 7$ であれば $4 \equiv -3, 5 \equiv -2$ であった

りするので，m_i の値によってはこのほかにも可動部分語があり得る．

定義 2.79（**可動部分語の面積**）　u を w の可動部分語とする．数列 p_j, q_j（$j = 1, 2, \cdots, \text{length}(u) - 1$）を次で定める：

（1）　$p_1 = q_1 = 1$

（2）　$p_{j+1} = p_j + q_j$

（3）　$q_{j+1} = \begin{cases} q_j - 1 & (n_j = \pm 2) \\ q_j & (n_j = \pm 3) \\ q_j + 1 & (n_j = \pm 4) \end{cases}$

ここで，$A(u) = \displaystyle\sum_{j=1}^{\text{length}(u)-1} p_j$ とおき，$A(w) := \displaystyle\sum_{u: W \text{ の可動部分語}} A(u)$ とする．$A(u), A(w)$ をそれぞれ u, w の面積とよぶ．定義により面積は必ず非負の整数である．

命題 2.80　w に 1 スライドを適用して w' が得られたとすると $A(w') < A(w)$ となる．

証明　補題 2.75 をもとにして考える．w の f_i のところで 1 スライドを適用して w' を得たとする．w から $\{m_i\}, \{n_i\}, \{o_i\}$，$w'$ から $\{m'_i\}, \{n'_i\}, \{o'_i\}$ が得られたとする．ここで注意すべきことは，1 スライドにより，f_i は別の面に入れ替わるので，それを f'_i と書いておくことにすると，m'_i は f'_i の辺の数であって，m_i とは一致しない．

今，$n_i = 2, o_i = 0$ の場合で議論する．$n_i = -2, o_i = 0$ の場合も同様に行うことができる．

まず，w と w' の違いを確認しておこう．

$$\begin{Bmatrix} m_i \\ n_i \\ o_i \end{Bmatrix} = \begin{Bmatrix} \cdots & m_{i-1} & m_i & m_{i+1} & \cdots \\ \cdots & n_{i-1} & 2 & n_{i+1} & \cdots \\ \cdots & o_{i-1} & 0 & 1 & \cdots \end{Bmatrix}$$

ならば，

$$\left\{\begin{matrix} m'_i \\ n'_i \\ o'_i \end{matrix}\right\} = \left\{\begin{matrix} \cdots & m_{i-1} & m'_i & m_{i+1} & \cdots \\ \cdots & n_{i-1}-1 & -2 & n_{i+1}-1 & \cdots \\ \cdots & o_{i-1} & 1 & 0 & \cdots \end{matrix}\right\}$$

であることはすでに補題 2.75 の証明で確認したことである．$n'_i = -2 \equiv m'_i - 2$ であるが，$m'_i - 2 \geq 4$ であることに注意する．もし $m'_i - 2 > 4$ であるならば，この 1 スライドによる書きかえの結果，可動部分語は 2 つに分離されることが分かる．可動部分語の面積の算出過程において，q_i は絶えず 0 以上の整数であり，p_i はその和であり，これを二つの箇所に分断することから，面積の総和は w の場合よりも少なくなる．

念のために次の例で確認しておこう．

$$\left\{\begin{matrix} m_i \\ n_i \\ o_i \\ p_i \\ q_i \end{matrix}\right\} = \left\{\begin{matrix} m_1 & m_2 & m_3 & m_4 & m_5 \\ 3 & 3 & 2 & 3 & 3 \\ 0 & 0 & 0 & 1 & 1 \\ 1 & 2 & 3 & 3 & 4 \\ 1 & 1 & 1 & 0 & 1 \end{matrix}\right\}$$

となり全体の面積は $1+2+3+3+4=13$ である．$i=3$ のところで 1 スライドしたとすると，

$$\left\{\begin{matrix} m'_i \\ n_i \\ o_i \end{matrix}\right\} = \left\{\begin{matrix} m_1 & m_2 & m'_3 & m_4 & m_5 \\ 3 & 2 & -2 & 2 & 3 \\ 0 & 0 & 1 & 0 & 1 \end{matrix}\right\}$$

であるが，いまたとえば $m'_3 = 8$ だったとすると，可動部分語は前 2 つと後ろ 2 つに分割して，面積の計算は次のようになる．

$$\left\{\begin{matrix} m'_i \\ n_i \\ o_i \\ p_i \\ q_i \end{matrix}\right\} = \left\{\begin{matrix} m_1 & m_2 & 8 & m_4 & m_5 \\ 3 & 2 & 6 & 2 & 3 \\ 0 & 0 & 1 & 0 & 1 \\ 1 & 2 & * & 1 & 2 \\ 1 & 1 & * & 1 & 0 \end{matrix}\right\}$$

これより，総面積は $1+2+1+2 = 6 < 13$ である．このことをより一般的に説明しよう．p_{i+1} は必ず 1 より大きい数である一方で，$p'_{i+1} = 1$ である．この分，$p_{i+1}, p_{i+2}, \cdots$ よりも $p'_{i+1}, p'_{i+2}, \cdots$ はどれも小さくなり，その総和である面積も小さくなるのである．

残された場合は $m'_i = 6$ の場合である．この場合は次の 5 つの場合を考える必要がある．

(場合 1) $(n_{i-1}, n_i, n_{i+1}) = (3, 2, 3)$
(場合 2) $(n_{i-1}, n_i, n_{i+1}) = (4, 2, 3)$
(場合 3) $(n_{i-1}, n_i, n_{i+1}) = (3, 2, 4)$
(場合 4) $(n_{i-1}, n_i, n_{i+1}) = (x, 2, 3)$
(場合 5) $(n_{i-1}, n_i, n_{i+1}) = (3, 2, x)$

(ただしここで $x \geq 5$ であるとする．) それぞれの場合について 1 スライドを行う前と後の該当部分だけを表にしておく．

(場合 1) $\begin{Bmatrix} m_{i-1} & m_i & m_{i+1} \\ 3 & 2 & 3 \\ o_{i-1} & 1 & 0 \\ p = p_{i-1} & p+q & p+2q \\ q = q_{i-1} & q & q-1 \end{Bmatrix} \to \begin{Bmatrix} m_{i-1} & 6 & m_{i+1} \\ 2 & 4 & 2 \\ o_{i-1} & 1 & 0 \\ p & p+q & p+2q-1 \\ q & q-1 & q \end{Bmatrix}$

$p_{i+1} = p+2q$, $p'_{i+1} = p+2q-1$ より $p'_{i+1} < p_{i+1}$ であり面積は減っている．

(場合 2) $\begin{Bmatrix} m_{i-1} & m_i & m_{i+1} \\ 4 & 2 & 3 \\ o_{i-1} & 1 & 0 \\ p = p_{i-1} & p+q & p+2q+1 \\ q = q_{i-1} & q+1 & q \end{Bmatrix} \to \begin{Bmatrix} m_{i-1} & 6 & m_{i+1} \\ 3 & 4 & 2 \\ o_{i-1} & 1 & 0 \\ p & p+q & p+2q \\ q & q & q+1 \end{Bmatrix}$

$p_{i+1} = p+2q+1$, $p'_{i+1} = p+2q$ より $p'_{i+1} < p_{i+1}$ であり面積は減っている．

(場合 3) $\left\{\begin{array}{ccc} m_{i-1} & m_i & m_{i+1} \\ 3 & 2 & 4 \\ o_{i-1} & 0 & 1 \\ p = p_{i-1} & p+q & p+2q \\ q = q_{i-1} & q & q-1 \end{array}\right\} \to \left\{\begin{array}{ccc} m_{i-1} & 6 & m_{i+1} \\ 2 & 4 & 3 \\ o_{i-1} & 1 & 0 \\ p & p+q & p+2q-1 \\ q & q-1 & q \end{array}\right\}$

$p_{i+1} = p+2q$, $p'_{i+1} = p+2q-1$ より $p'_{i+1} < p_{i+1}$ であり面積は減っている.

(場合 4) $\left\{\begin{array}{ccc} m_{i-1} & m_i & m_{i+1} \\ x & 2 & 3 \\ o_{i-1} & 1 & 0 \\ * & 1 & 2 \\ * & 1 & 0 \end{array}\right\} \to \left\{\begin{array}{ccc} m_{i-1} & 6 & m_{i+1} \\ x-1 & 4 & 2 \\ o_{i-1} & 1 & 0 \\ * & * & 1 \\ * & * & 1 \end{array}\right\}$

$p_{i+1} > 2$, $p'_{i+1} = 1$ より $p'_{i+1} < p_{i+1}$ なので面積は減っている.

(場合 5) $\left\{\begin{array}{ccc} m_{i-1} & m_i & m_{i+1} \\ 3 & 2 & x \\ o_{i-1} & 0 & 1 \\ p = p_{i-1} & p+q & * \\ q = q_{i-1} & q & * \end{array}\right\} \to \left\{\begin{array}{ccc} m_{i-1} & 6 & m_{i+1} \\ 2 & 4 & x-1 \\ o_{i-1} & 1 & 0 \\ p & * & * \\ q & * & * \end{array}\right\}$

この場合, m_{i-1} までが可動部分語であり, m_i のところで $n_i = -2$ が単独の可動部分語となる. すると, $p_i = q_i = 1$ であり, かつ $p+q > 2$ であることから, w 全体の面積は減っている. ちなみに $(n_{i-1}, n_i, n_{i+1}) = (4, 2, x)$ のときは $(n'_{i-1}, n'_i, n'_{i+1}) = (3, 4, x-1)$ となり同じことである.

以上により 1 スライドを行うことによりデジタルカーブの面積が小さくなることが分かる. (証明終)

系 2.81 w に 1 スライドを何回か適用して w にもどることはない.

証明 面積が 0 以上の整数の値をとることから, 補題 2.80 より 1 スライドだけを無限回続けて適用できないことが分かる. (証明終)

2.7.3　ホモトピー性——核が 1 次元のとき

さて，次はホモトピー性の証明をする．この節と次の節で示すことは次の命題である．

命題 2.82　非楕円的三路な多面体分割が辺向き付け可能のとき，0 フック，1 フック，1 スライドからなる書きかえ系はホモトピー性をもつ．すなわち，ホモトピックな 2 つのデジタルカーブ w_1, w_2 は共通の極小元をもつ．

この節では，双曲的四路のときと同様に境界円板と核を導入し，核が 1 次元の場合についての証明を行う．命題 2.36 により，ホモトピックな w_1, w_2 が共通に到達可能なデジタルカーブの存在を示せば十分である．

$\mathrm{length}(w_1) + \mathrm{length}(w_2)$ に関する帰納法を用いる．

もし $\mathrm{length}(w_1) + \mathrm{lenght}(w_2) \leq 3$ ならば，w_1, w_2 は 0 フックか 1 フックの位置関係にあるので，この場合には共通の到達可能なものが存在する．

補題 2.50 と補題 2.51 の議論により，w_1, w_2 のどちらかが同一の面を 2 度通るとき，始点・終点以外で共通の面を通るときはより長さが短い場合に帰着できるので，補題 2.53 により w_1, w_2 を表す $\tilde{M}$ 上の道によって囲まれる境界円板 $D \subset \tilde{M}$ が定まる．定義 2.54 によって核 C を定める．

補題 2.55 と補題 2.56 から，核 C は連結かつ単連結である．

ここで場合分けをする．
　(場合 1)　C が点，または樹形グラフの場合．
　(場合 2)　C が 2 セル (面) を含む

(場合 2) の場合は次の節 2.7.4 で証明することにする．

核 C が 1 点の場合とは，すなわち 1 フックの場合に限るので，このときは証明済みである．核 C が樹形グラフであり，かつ端点を 3 つ以上持つ場合には，命題 2.58 と同じ議論によって，w_1, w_2 のどちらかは 1 フックを含むので，長さが短い場合に帰着することができる．

以下では核 C は (辺と頂点からなる) 1 つの道を構成しているものと仮定する．

定義 2.72 の数列 m_i, n_i, o_i を w_1, w_2 についてそれぞれ考える．これらを $m_i(w_1), n_i(w_1), o_i(w_1)$ のように書くことにする．

もし $n_i(w_1), n_i(w_2)$ が $\pm 1, 0$ の値をとったとすると，0 フックや 1 フックに該当するので，長さを短くするような書きかえが可能である．すなわち長さが短い場合への帰着が存在する．

このことから，以降は $n_i(w_1), n_i(w_2)$ は $\pm 1, 0$ の値をとらないと仮定する．境界円板からみて w_1 は時計回り，w_2 は反時計回りであるとしてよい．このとき次が成り立つ．

補題 2.83 $n_1(w_1) = 2$ または $n_1(w_2) = -2$ である．

証明 図 2.66 より明らかである．(証明終)

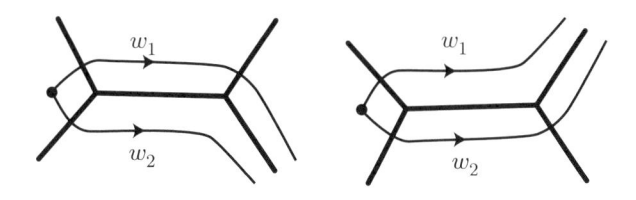

図 **2.66** 左：$n_1(w_1) = 2$，右：$n_1(w_2) = -2$

核 C を始点に近いほうからたどっていくことを考えていくと，すべての頂点が三路であることから，核は「右折」と「左折」のいずれかを繰り返すことになる (図 2.67)．

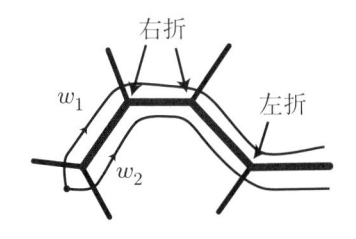

図 **2.67** 左折と右折

補題 2.84 左折が 2 回続いたり，右折が 2 回続いたりすると，w_1, w_2 のどちらかは極小元ではなく，長さが短い場合に帰着できる．

証明 もし，左折が 2 回続いたとしよう．図 2.68 のようだとすると，

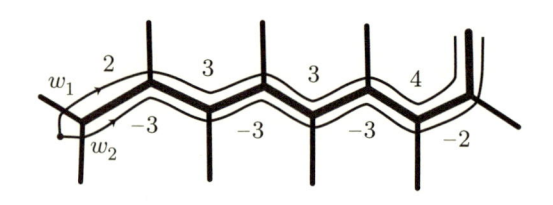

図 **2.68** 左折が 2 回続く場合

$$n_1(w_1) = 2$$
$$n_2(w_1) = \cdots = n_{i-1}(w_1) = 3,$$
$$n_i(w_1) = 4,$$
$$n_1(w_2) = \cdots = n_{i-1}(w_2) = -3,$$
$$n_i(w_2) = -2,$$

である．今，辺向き付け可能性より，$o_1(w_1) \equiv o_1(w_2) + 1 \pmod{2}$ である．さらに補題 2.74 より

$$o_i(w_2) \equiv o_1(w_2) + (n_1(w_2) + 1) + \cdots + (n_i(w_2) + 1) \pmod{2}$$
$$\equiv o_1(w_2) \pmod{2}$$

であるから，$o_1(w_1) \equiv o_i(w_2) + 1 \pmod{2}$ であって，$o_1(w_1)$ と $o_i(w_2)$ とはどちらかが 0 であることが分かる．

今，$n_1(w_1) = 2$ かつ $n_i(w_2) = -2$ であることから，この 2 か所のどちらかで 1 スライドできることになり，長さが短い場合に帰着できる．

右折が 2 回続く場合，また最初が右折から始まる場合もまったく同様の議論を行うことができ，長さが短い場合に帰着できることを示せる．(証明終)

問 2.7.4 右折が 2 回続く場合，また最初が右折から始まる場合も，長さが短い場合に帰着できることを実際に示せ．

補題 2.85 左折，右折が完全に交互に現れるならば，w_1, w_2 のどちらかは極小元ではなく，長さが短い場合に帰着できる．

証明 これは補題 2.84 と似た議論によって示すことができる．核が右折から始まると仮定すると，図 2.69 のようになり，

$$n_1(w_1) = 2$$
$$n_2(w_1) = \cdots = n_l(w_1) = 3,$$
$$n_1(w_2) = \cdots = n_{l-1}(w_2) = -3,$$
$$n_l(w_2) = -2,$$

が得られる．(ここで $l = \mathrm{length}(w_2)$ である．) 補題 2.84 と同じ計算により $o_1(w_1) \equiv o_l(w_2) + 1 \pmod{2}$ であり，$n_1(w_1) = 2$ かつ $n_l(w_2) = -2$ であることから，この 2 か所のどちらかで 1 スライドできる．このことは，w_1, w_2 の長さがより小さい場合への帰着となっているので，補題は正しい．

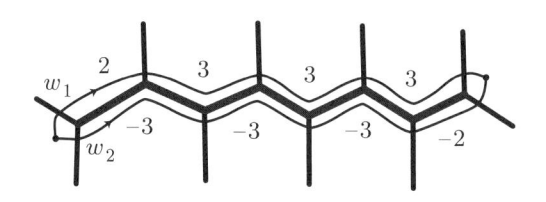

図 **2.69** 左折・右折が交互に現れる場合

問 2.7.5 右折で始まり右折で終わると仮定した場合 (図 2.70) にも補題 2.85 を証明せよ．また，左折から始まる場合も証明を完結させよ．

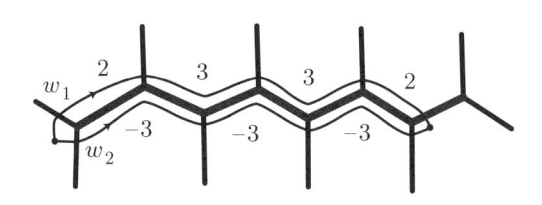

図 **2.70** 右折で始まり右折で終わる場合

例:

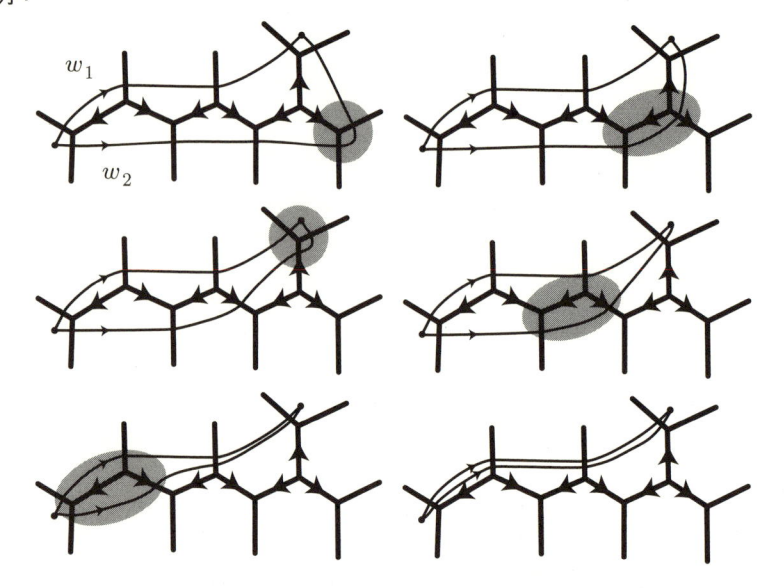

問 2.7.6 図 2.71 左のように，上の例とは辺の向きが逆についているとすると，図 2.71 右のようなデジタルカーブが共通に到達可能であることを示せ．

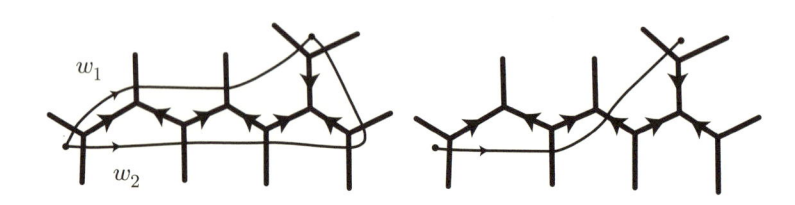

図 **2.71** 辺の向きが逆の場合

2.7.4 ホモトピー性——核が 2 次元のとき

次は，核が 2 次元の場合，すなわち核 C が多面体の面を含むような場合についてのホモトピー性の証明をしよう．

w_1, w_2 がホモトピックであって，かつ始点・終点を除いて同じ面を 2 度通らないものと仮定して，境界円板および核 C が定義されているものとする．ここで，w_1, w_2 (の表す道) は境界円板の境界になっているが，w_1 は時計回りに，w_2 は

反時計回りになっているものと仮定して差し支えない.

まず最初に,核 C がただ 1 つのクラスタ (定義 2.59) のみからなっている場合を考える. このとき, 自由閉路 $w \in FDL(\tilde{M})$ (定義 2.19) を, w_1 と $\overline{w_2}$ (w_2 の逆道, 終点から始点へ逆向きにたどったデジタルカーブ) とをつなげた道 $w_1\overline{w_2}$ と定める. w についても, 通常のデジタルカーブと同様に m_i, n_i, o_i を考えることができる ($i = 1, 2, \cdots, \text{length}(w)$). w は 1 つの面を 2 度通ることはないので, $n_i(w) \geq 2$ と仮定できる. この状況で次の補題が成立する.

補題 2.86 自由閉路 w について, $n_i(w) = \pm 2$ となるような i の個数は 6 以上である. すなわち

$$\#\{i \mid n_i(w) = \pm 2\} \geq 6.$$

証明 $l = \text{length}(w)$ とする. f_1 を核が含む面の個数, f_2 を w_1, w_2 が通過する面の個数 (始点・終点にあたる面も含む), e_1 を核が含む辺の本数, e_2 を w_1, w_2 が通過する辺の本数, e_3 を核 C の境界にある辺の本数, v を核に含まれる頂点の個数とする. これらの間には

$$l = f_2 = e_2 \tag{1}$$

$$3v = 2e_1 + e_2 \tag{2}$$

$$6f_1 \leq e_3 + 2(e_1 - e_3) \tag{3}$$

$$f_1 - e_1 + v = 1 \tag{4}$$

が成り立つ. (1) は w が w_1, w_2 から構成される 1 つの輪であることから分かる. (2) はすべての核に含まれる頂点は 3 本の線が集まっており, それらを数えると, e_2 は 1 回, e_1 は 2 回ずつ数えていることが分かる. (3) は, 核が含む面の個数が f_1 であることから, この面に接する辺の本数はのべ $6f_1$ 以上であり, これは核の境界にある辺 (e_3 本ある) は 1 回, 核の内側にある辺 ($e_1 - e_3$ 本ある) は 2 回数えていることから分かる. (4) は核が連結かつ単連結であることより, 核のオイラー数が 1 であることから分かる.

(3) に (4) を代入すると

$$6(1 + e_1 - v) \leq 2e_1 - e_3$$

この式に (2) を代入すると

$$6 + 6e_1 - 2(2e_1 + e_2) \leq 2e_1 - e_3$$

$$6 \leq 2e_2 - e_3$$

を得る．一方で，w が通る各面について，その面が核 C と隣接している辺の本数は $(n_i(w) - 1)$ に一致することから，

$$\sum_{i=1}^{l} (n_i(w) - 1) = e_3$$

を得る．このことから，

$$\sum_{i=1}^{l} (n_i(w) - 3) = e_3 - 2e_2 \leq -6 \quad (5)$$

を得る．$n_i(w) \geq 2$ から，$n_i(w) - 3 \geq -1$ であり，$n_i(w) = 2$ を満たすような 2 は 6 つ以上あることが示された．

例

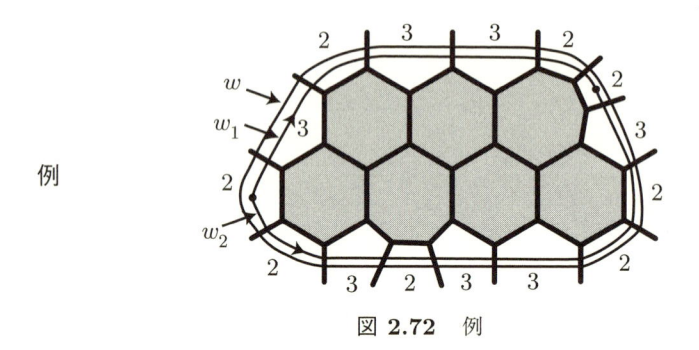

図 2.72 例

図 2.72 において，核 (アミカケ部) はクラスタ 1 つからなっている．$w_1 \overline{w_2}$ を 1 つの自由閉路 w とみなしている．$f_1 = 7, f_2 = e_2 = l = 15, e_1 = 33, e_3 = 22, v = 27$ である．

$e_3 - 2e_2 = 22 - 30 = -8$ であって，実際に $n_i(w) = 2$ となっている面は 8 箇所ある．

問 2.7.7 $f_1 = 7, f_2 = e_2 = l = 15, e_1 = 33, e_3 = 22, v = 27$ であることを確かめよ．

補題 2.87 補題 2.86 の状況下で，次の条件を満たす整数 $i_1, i_2, i_3, i_4, i_5, i_6$ が存在する．

(条件 1) $1 \leq i_1 < i_2 < i_3 < i_4 < i_5 < i_6 \leq l$

(条件 2) $n_{i_k}(w) = 2$ $(k = 1, 2, \cdots, 6)$

(条件 3) $o_{i_1}(w) = o_{i_3}(w) = o_{i_5}(w), o_{i_2}(w) = o_{i_4}(w) = o_{i_6}(w), o_{i_1}(w) \equiv o_{i_2}(w) + 1 \pmod{2}$

証明 まず $i_1 = \min\{i \mid n_i(w) = 2\}$ とおく．$k = 1, 2, \cdots, 5$ について，順番に

$$i_{k+1} = \min\{i \mid i > i_k, n_i(w) = 2, o_i(w) \equiv o_{i_k}(w) + 1 \pmod{2}\}$$

が選べればよい．このような i_{k+1} を探すために，

$$\sum_{i=i_k+1}^{l} (n_i(w) - 3) \leq -6 + k \qquad (*)$$

という条件を考えよう．まず，$k = 1$ の場合には，$n_1(w), n_2(w), \cdots, n_{i_1-1}(w)$ はすべて 3 以上であることから，

$$\sum_{i=1}^{i_1-1} (n_i(w) - 3) \geq 0$$

となり，

$$\sum_{i=i_1+1}^{l} (n_i(w) - 3) = \sum_{i=1}^{l} (n_i(w) - 3) - \sum_{i=1}^{i_1-1} (n_i(w) - 3) - (n_{i_1}(w) - 3)$$

$$\leq -6 - 0 - (2 - 3)$$

$$= -6 + 1 = -5$$

したがって $k = 1$ で式 (*) は成立する．

次に，k で (*) が成立していれば $k+1$ でも成立するように i_{k+1} を選べることを証明しよう．

$$j = \min\{i \mid i > i_k, n_i(w) = 2\}$$

を考える．ここで場合分けをする．

(場合 1) もし, $o_j(w) \equiv o_{i_k}(w) + 1 \pmod{2}$ ならば, $i_{k+1} = j$ とおけばそれで十分である. この場合, $n_{i_k+1}(w), n_{i_k+2}(w), \cdots, n_{j-1}(w)$ はすべて 3 以上であることから,

$$\sum_{i=i_k+1}^{j-1} (n_i(w) - 3) \geq 0$$

となり,

$$\sum_{i=j+1}^{l} (n_i(w) - 3) = \sum_{i=i_k+1}^{l} (n_i(w) - 3) - \sum_{i=i_k+1}^{j-1} (n_i(w) - 3) - (n_j(w) - 3)$$
$$\leq (-6 + k) - 0 - (2 - 3)$$
$$= -6 + (k + 1)$$

したがって, この場合に問題はない.

(場合 2) $o_j(w) \equiv o_{i_k}(w) \pmod{2}$ ならば, i_{k+1} はこれでは決めることができないが, ここでも $\sum_{i=j+1}^{l} (n_i(w) - 3)$ を考えよう. $n_{i_k+1}(w), n_{i_k+2}(w), \cdots, n_{j-1}(w)$ はすべて 3 以上であるが, $o_j(w) \equiv o_{i_k}(w) \pmod{2}$ であることと,

$$o_j(w) \equiv o_{i_k}(w) + (n_{i_k}(w) + 1) + \cdots + (n_{j-1}(w) + 1) \pmod{2}$$
$$\equiv o_{i_k}(w) + 3 + (n_{i_k+1}(w) + 1) + \cdots + (n_{j-1}(w) + 1) \pmod{2}$$

であることから, $n_{i_k+1}(w), n_{i_k+2}(w), \cdots, n_{j-1}(w)$ の中に偶数が存在することになり, すなわち 4 以上の整数が含まれていることが分かる. このことから

$$\sum_{i=i_k+1}^{j-1} (n_i(w) - 3) \geq 1$$

であって,

$$\sum_{i=j+1}^{l} (n_i(w) - 3) = \sum_{i=i_k+1}^{l} (n_i(w) - 3) - \sum_{i=i_k+1}^{j-1} (n_i(w) - 3) - (n_j(w) - 3)$$
$$\leq (-6 + k) - 1 - (2 - 3)$$
$$= -6 + k$$

となる. このことから, あらためて $i > j, n_i(w) = 2, o_i(w) \equiv o_{i_k}(w) + 1 \pmod{2}$

となる i を探せば，いつかは見つかることになる．これを $k = 1, 2, 3, 4, 5$ について繰り返せば，$i_1, \cdots, i_6$ が得られる．(証明終)

さて，この補題の意味するところはなんだろうか．この命題は，双曲的四路な多面体分割のときに，「クラスタのもつ外辺は 5 本以上 (命題 2.60)」を証明することに相当する．

非楕円的三路の場合にも 4 路の節外辺に相当する概念を準備する．

定義 2.88 (**節外面**)　非楕円的三路で w_1, w_2 がホモトピックであって，かつ始点・終点を除いて同じ面を 2 度通らないものと仮定して，境界円板および核 C が定義されているものとする．このとき，核のクラスタの一つひとつについて，それを囲むような自由閉路 w を考え，$n_i(w) = 2$ かつ，「w_1, w_2 の始点・終点またはクラスタ以外の辺」が隣接しているような面が存在するとき，その面を**節外面**であるとよぶことにする．

もしクラスタごとの節外面の個数が少なければ，より単純な場合へと帰着できることが分かる．

補題 2.89　あるクラスタが存在して，補題 2.87 の $i_1, i_2, \cdots, i_6$ について，これらの面に隣接するような「始点」「終点」「クラスタ以外の辺」が 2 つ以下であるならば，そのクラスタを囲むような自由閉路 w とある番号 i, j が存在して $n_i(w) = n_j(w) = 2$ かつ $o_i \equiv o_j + 1 \pmod{2}$ であるように取れる．このとき，もとの w_1, w_2 の該当箇所において 1 スライドを行うことができ，核に含まれる面の個数が少ない場合へと帰着できる．

証明　補題の仮定より，補題 2.87 の $i_1, i_2, \cdots, i_6$ のうち多くても 4 箇所が節外面になるだけである．そうすると，$i_1, i_2, \cdots, i_6$ のうち残った 2 つで $n_i(w) = n_j(w) = 2$ かつ $o_i \equiv o_j + 1 \pmod{2}$ となるように選ぶことができる．$(n_i(w), o_i(w))$ と $(n_j(w), o_j(w))$ のどちらかは $(2, 0)$ と等しくなることがわかり，1 スライドができることになる．(ここで，補題 2.76 の最後の式に注意すれば，ここで得られた $n_i(w)$ や $n_j(w)$ が w_1 によるものであっても w_2 によるものであっても同じ意味であることが分かる．) ここで行われた 1 スライドによって，w_1, w_2 の囲む領域は小さくなるので，核に含まれる面の個数は減ることになる．(証明終)

補題 2.89 を利用すれば，核 C が面を含む場合も完全に解決する．補題 2.89 に該当する場合には，核 C に含まれる面の個数が少ない場合へと帰着できる．補題 2.89 に該当しない場合とは，クラスタのおのおのについて，クラスタに隣接する「始点」「終点」「クラスタ以外の辺」が 3 つ以上なければいけない．以下は命題 2.48 の証明の最後の部分 (146 ページ) と同じ理由により，1 フックが必ず現れることがわかり，w_1, w_2 の長さの和が小さい場合へと帰着できる．(証明終)

問 2.7.8 ハチの巣格子 (正 6 角形の平面充填) に，辺向き付けをおこない，ホモトピックな w_1, w_2 を適当に書きいれ，これらが 0 フック，1 フック，1 スライドで共通の到達可能元へ書きかえられることを示してみよ．できれば，クラスタが 2 つ以上ある場合で試してみよ．

2.7.5　演習・未解決問題

問 2.7.9 (未解決)　3 路で奇数角形が含まれるような多面体分割に対して，デジタルカーブショートニング問題は解かれるだろうか? (まったく未解決.)

問 2.7.10　三路で 4 角形を含むような多面体分割に対して，0 フック，1 フック，1 スライドだけではホモトピー性が満たされないような多面体分割の例を作れ．

問 2.7.11 (未解決)　3 路で面はすべて偶数角形であり，かつ辺向き付け可能でないような多面体分割の例を作れ．(たぶん解決可能.)

問 2.7.12 (未解決)　元の曲面 M が向き付け不可能な場合，たとえばクラインの壺のように表面・裏面のない曲面の場合，楕円的三路な多面体分割が存在するか? またカーブショートニング問題は解かれるだろうか?

補遺

A.1 同値関係，商集合

集合 X に同値関係があるとき，商集合 $X/\sim$ を考えることができる．この流れについて解説しよう．

定義 A.1 (同値関係)　X の任意の 2 つの要素 $x, y \in X$ に対して $x \sim y$(関係がある) または $x \not\sim y$(関係がない) のどちらかが定められているものとする．この $\sim$ が

(反射律)　任意の $x \in X$ に対して $x \sim x$

(対称律)　任意の $x, y \in X$ に対して $x \sim y \Rightarrow y \sim x$

(推移律)　任意の $x, y, z \in X$ に対して $x \sim y$ かつ $y \sim z \Rightarrow x \sim z$

のすべてを満たすとき，これを**同値関係**という．

同値関係 $\sim$ があるとき，同値類を定義することができる．

定義 A.2 (同値類)　任意の $x \in X$ に対して，
$$[x] = \{y \mid y \sim x\}$$
と定義し，この $[x]$ を x を含む同値類，または x を代表元とする同値類とよぶ．

このとき次の性質が成り立つ．

命題 A.3 (同値類の性質)　(1)　$x \in [x]$

(2)　$y \in [x] \Rightarrow x \in [y]$

(3)　$[x] \cap [y] \neq \emptyset \Rightarrow [x] = [y]$

(4)　$x \notin [y] \Rightarrow [x] \cap [y] = \emptyset$

証明 (1) 反射律 $x \sim x$ より $x \in [x]$ である.

(2) $y \in [x]$ ならば $y \sim x$ であり,対称律より $x \sim y$ であって,$x \in [y]$ である.

(3) $[x] \cap [y] \neq \emptyset$ とすると,$z \in [x] \cap [y]$ となる z が存在する.すなわち $z \sim x$, $z \sim y$ である.対称律より $x \sim z$ なので,推移律より $x \sim y$ である.

任意の $w \in [x]$ に対して $w \sim x$ である.$x \sim y$ であることから推移律より $w \sim y$, すなわち $w \in [y]$ である.このことから $[x] \subset [y]$ である.同様に $y \sim x$ を使えば $[y] \subset [x]$ であり,したがって,$[x] = [y]$ が示せる.

(4) $x \notin [y]$ かつ $[x] \cap [y] \neq \emptyset$ であると仮定する.$z \in [x] \cap [y]$ となる z が存在するので (3) と同じ議論により $x \sim y$ であるが,これは $x \notin [y]$ に矛盾する.したがって $[x] \cap [y] = \emptyset$ である.(証明終)

同値類の性質により,集合 X はいくつかの同値類の (互いに交わらない) 和集合としてあらわされることが分かる.すなわちいくつかの元 $x_1, x_2, \cdots \in X$ が存在して

$$X = [x_1] \cup [x_2] \cup \cdots$$

(ただし,これらは交わりのない和集合) とできる.このとき,この $x_1, x_2, \cdots$ のことを**完全代表系**というが,これらを用いて商集合 $X/\sim$ を定義できる.

定義 A.4 (商集合) 同値関係 $\sim$ による同値類全体の集合を商集合といい,$X/\sim$ とかく.すなわち,完全代表系を $x_1, x_2, \cdots$ としたとき,

$$X/\sim = \{[x_1], [x_2], \cdots\}$$

である.

例 $X = \mathbb{Z}$(整数全体の集合) とし,$x, y \in \mathbb{Z}$ に対して,

$$x \sim y \iff x - y\ \text{が}\ 3\ \text{の倍数}$$

により定めるものとすると,これは同値関係である.(この同値関係を $x \equiv y \pmod{3}$ と書くこともある.) なぜならば,

(反射律) 任意の $x \in \mathbb{Z}$ に対して,$x - x = 0$ は 3 の倍数であるから $x \sim x$ である.

(対称律) 任意の $x, y \in \mathbb{Z}$ に対して，$x \sim y$ ならば $x - y = 3m$ となる整数 m が存在する．このとき，$y - x = -3m = 3 \times (-m)$ であるから $y \sim x$ である．

(推移律) 任意の $x, y, z \in \mathbb{Z}$ に対して，$x \sim y$ かつ $y \sim z$ ならば $x - y = 3m, y - z = 3n$ となる整数 m, n が存在する．このとき，$x - z = (x - y) + (y - z) = 3m + 3n = 3 \times (m + n)$ であるから $x \sim z$ である．

以上より同値関係が与えられた．同値類は

$$[0] = \{\cdots, -3, 0, 3, 6, \cdots\}$$
$$[1] = \{\cdots, -2, 1, 4, 7, \cdots\}$$
$$[2] = \{\cdots, -1, 2, 5, 8, \cdots\}$$

の 3 つあることが分かり，これで $\mathbb{Z}$ のすべての要素が分類できていることから $0, 1, 2$ が完全代表系であって，

$$\mathbb{Z}/\sim = \{[0], [1], [2]\}$$

である．

注意 A.5 同値関係があるからといって，いつでも簡単に完全代表系が得られるとは限らない．完全代表系が必ず存在するかというのも大問題であるが，存在については選択公理 (公理とは，数学において証明なしに正しいと認める命題のことである) によりいつでも存在することにしてよいことになっている．

A.2 写像, 全射, 単射

2 つの集合 X, Y があるとき，X から Y への写像 $f : X \to Y$ を定義しよう．

定義 A.6 2 つの集合 X, Y があるとき，X から Y への写像 $f : X \to Y$ とは，「任意の $x \in X$ に対して $y \in Y$ を対応させるルール」であるものとする．この対応のことを $f(x) = y$ と書く．

関数，変換などは写像の例である．

定義 A.7 (単射, 全射) (1) 写像 $f : X \to Y$ に対して，任意の $x_1, x_2 \in X$ が

$$f(x_1) = f(x_2) \Longrightarrow x_1 = x_2$$

を満たすとき，f は**単射**であるという．

（2）写像 $f: X \to Y$ に対して，

   任意の $y \in Y$ に対して $f(x) = y$ を満たす $x \in X$ が存在する

ときに f は**全射**であるという．

（3）全射かつ単射であるような写像を**全単射**という．

写像 f が全単射である場合，f によって X の各要素と Y の各要素は完全に一対一に対応する．このことから，任意の $y \in Y$ に対して，$f(x) = y$ となるような $x \in X$ はただ 1 つに定まることになり，この $y \mapsto x$ という逆対応を逆写像とよび，$f^{-1}: Y \to X : f^{-1}(y) = x$ と表記する．

A.3 連続写像，同相写像

集合 X がユークリッド空間の部分集合である場合，点列の収束を定義することができる．

定義 A.8（点列の収束） 点列 $\{x_n\}$ が $x_n \in X$ であって，この点列が $a \in X$ に**収束**するとは，

   任意の $\varepsilon > 0$ に対して，

   $N \leq n \Rightarrow |a - x_n| < \varepsilon$ となるような自然数 N が存在する

が満たされることである．これを $\lim_{n \to \infty} x_n = a$ と書く．

写像が連続であるということは点列の収束により定義することができる．

定義 A.9（1）写像 $f: X \to Y$ が点 $a \in X$ において**連続**であるとは，a に収束するような任意の点列 $\{x_n\}$ に対して（すなわち $\lim_{n \to \infty} x_n = a$ となる点列に対して），点列 $\{f(x_n)\}$ が $f(a)$ に収束することである．すなわち

$$\lim_{n \to \infty} f(x_n) = f\left(\lim_{n \to \infty} x_n\right)$$

を満たすことである．

（2）写像 $f: X \to Y$ が X において連続であるとは，任意の点 $a \in X$ において f が連続であることである．

連続と全単射の両方を満たす概念が同相である．

定義 A.10（同相）　写像 $f: X \to Y$ が次の 3 つの条件を満たすとき，f は同相写像であるという．
（1）f は全単射である．
（2）f は連続である．
（3）f の逆写像 $f^{-1}: Y \to X$ は連続である．

このとき，集合 X と Y とは同相であるという．

あとがき

　少し余談であるが，2.6 節で紹介した双曲的四路な多面体分割についてのデジタルカーブショートニング問題の解決は，1999 年の筆者の翻案である．問題設定も自分で工夫して意気込んで論文に書いて数学の学術雑誌に投稿したのではあるが，その返事が「この論文で扱われている題材は数学ではない (よって投稿は却下する)」だった．

　論文が却下されること自体 (筆者レベルの研究者の場合) はそれほど珍しいことではないが，**数学ではない**というコメントは筆者を打ちのめした．したがってそれはしばらく放置せざるを得なかった．10 年以上の時が過ぎ，このたび「計算機ソフトウエアに応用されている幾何学」というテーマで執筆させていただくことになり，大学院講義の機会を利用して久し振りにまとめなおしてみたのである．自明な例である正方格子分割の場合について，改めて考えてみると，実に明快な解答があることがわかった．そのことについては 2.5 節で紹介した．このことを応用すると，双曲的四路の場合にも明快な解答があることがわかり，また証明全体を大きく見直すことによりかなり簡潔になったのではないかと思う．そういう意味で，この本の 2.6 節は未発表論文といってもいいレベルの内容ではあるが，自分の気持ちの中ではレフェリーの「数学ではない」という一言がまた解けきれておらず，教科書として執筆することによってその気持ちを整理することにした．2.7 節は非楕円的三路の場合のデジタルカーブショートニング問題についての解決であるが，これも「数学ではない」という気持ちに引きずられ，大学の学内紀要に投稿したのみであった．しかし，ごらんいただければ分かるとおり，今見ても実にトリックに満ちた奇抜な証明であると思う．その襞を味わっていただければ幸いである．

　万が一，読者が 2.6 節や 2.7 節を読んで，さらに深い内容を知りたくなったとしても，この内容に関する参考文献はない．この本に書いてあることが，現在知られているすべての事柄であることをご諒解願う．

2014 年 7 月

　　　　　　　　　　　　　　　　　　　　　　　　　　　　　　　　著者

参考文献

[1] KET-Pic サイト　http://ketpic.com/
[2] J. Richter-Gebert, and U. H. Kortenkamp, *Dynamic Aspects in Computational Geometry*, 2000
[3] U. H. Kortenkamp, *Foundations of dynamic geometry*, PhF-thesis, ETH Zürich, 1999,
 http://www.inf.fu.berlin.de/~kortenka/Papers/diss.pdf
[4] Shang-Ching Chou, *Mechanical Geometry Theorem Proving*, D. Reidel Publishing , 2001, ISBN 1-4020-0330-7
[5] 瀬山士郎著,「無限と連続」の数学—微分積分学の基礎理論案内, 東京図書, 2005 年
[6] Cox, Little, O'Sera 著, 落合啓之等訳,「グレブナー基底と代数多様体入門 (上・下)」, シュプリンガー・フェアラーク東京, 2000 年
[7] Mishira, Algorithmic Algebra, Springer, 1993
[8] 松本幸夫著「多様体の基礎」東京大学出版会, 1988 年
[9] 加藤十吉著「位相幾何学」裳華房, 1988 年
[10] 深谷賢治著「双曲幾何」岩波書店, 2004 年
[11] 阿原一志・逆井卓也著「パズルゲームで楽しむ写像類群入門」, 日本評論社, 2013
[12] 阿原一志著「大学数学の証明問題　発見へのプロセス」, 東京図書, 2011
[13] 阿原一志著「考える線形代数　増補版」, 数学書房, 2010
[14] 阿原一志「動的作図ソフトウエア「シンデレラ」」, 数学セミナー 2004 年 2・3 月号
[15] 阿原一志「ハイプレイン」, 日本評論社, 2008
[16] KidsCindy オフィシャルサイト
 http://www11.atwiki.jp/kidscindy/

索引

0 フック 121, 150
1 スライド 126, 150
1 フック 134, 150
2 円の交点 33
2 色化可能 132
2 直線の交点 21
2 点を通る直線 22

DyGeom 4

GeoGebra 3

KidsCindy 4, 69

n 角形 101
n フック 134

Wu の方法 60

イデアル 67

円 15, 25

書きかえ 115
書きかえ系 114
書きかえの内包 123
角度 30
角の二等分線 30
可動部分語 155
可動部分語の面積 156
完全代表系 172
完備 117

擬剰余 63

境界 101
極限 85
極小元 117
近傍 102

グレブナー基底 68

弧状連結 97

コルテンカンプ 3, 73

作図手順 5

次数 101
実射影平面 8
始点 87, 106
自動定理証明機能 55
写像 85
収束 85
終点 87, 106
自由閉路 107
自由要素 55
商集合 172
シンデレラ 3

推移律 171
垂線 27

正 17 角形の作図 74
静的問題 4
節外面 169
零拡張可能性 20
全射 174
全単射 174

双曲的四路　131

大域的決定　36
対称律　171
多面体分割　100
単射　174
短少性　119

中点　17
頂点を共有する　101
直線　14
直線と円の交点　26

デジタルカーブ　106
デジタルカーブの表す曲線　108
点列の収束　174

同相　175
到達可能　116
同値関係　9, 171
同値類　171
動的問題　35
トーラスの多面体分割　120

内包　123
長さ　107

反射律　171

複素射影平面　33
普遍被覆　103
普遍被覆空間　98

平行線　27
閉路　107
辺を共有する　101

ホモトピー性　118

ホモトピック　89
ホモトピックなデジタルカーブ　110

道　86, 87
道のホモトピー　88

無限遠点　11, 14

持ち上げ　111

有限　117

リッチモンドの方法　74

連続　85, 174

阿原 一志
あはら・かずし

略歴
1963 年　東京都生まれ
1992 年　東京大学大学院理学研究科博士課程修了
　　　　明治大学理工学部数学科准教授を経て
現　在　明治大学総合数理学部先端メディアサイエンス学科教授
　　　　博士 (理学) (東京大学)

著訳書
『シンデレラ—幾何学のためのグラフィックス』(訳書，シュプリンガー・ジャパン，2003)
『シンデレラで学ぶ平面幾何』(シュプリンガー・ジャパン，2004)
『ハイプレイン—のりとはさみでつくる双曲平面』(日本評論社，2008)
『確率・統計の基礎』(培風館，2009)
『大学数学の証明問題 発見へのプロセス』(東京図書，2011)
『考える微分積分』(数学書房，2012)
『微分積分ノート術』(東京図書，2013)
『線形代数ノート術』(東京図書，2013)
『計算で身につくトポロジー』(共立出版，2013)
『パズルゲームで楽しむ写像類群入門』(共著，日本評論社，2013)
『考える線形代数 増補版』(数学書房，2013)

数学書房選書 5

コンピュータ幾何(きか)

2014 年 10 月 15 日　第 1 版第 1 刷発行

著者　　阿原一志
発行者　横山 伸
発行　　有限会社　数学書房
　　　　〒 101-0051　東京都千代田区神田神保町 1-32-2
　　　　TEL　03-5281-1777
　　　　FAX　03-5281-1778
　　　　mathmath@sugakushobo.co.jp
　　　　振込口座　00100-0-372475

印刷
製本　モリモト印刷
組版　野崎 洋
装幀　岩崎寿文

©Kazushi Ahara 2014　　Printed in Japan
ISBN 978-4-903342-25-2

数学書房選書

桂 利行・栗原将人・堤 誉志雄・深谷賢治 編集

1. 力学と微分方程式　山本義隆●著　A5判・pp.256
2. 背理法　桂・栗原・堤・深谷 ●著　A5判・pp.144
3. 実験・発見・数学体験　小池正夫●著　A5判・pp.240
4. 確率と乱数　杉田 洋●著　A5判・pp.160
5. コンピュータ幾何　阿原一志●著　A5判・pp.192

以下続刊

- 複素数と四元数　橋本義武●著
- 微分方程式入門 ── その解法　大山陽介●著
- フーリエ解析と拡散方程式　栄 伸一郎●著
- 多面体の幾何 ── 微分幾何と離散幾何の双方の視点から　伊藤仁一●著
- p 進数入門 ── もう一つの世界の広がり　都築暢夫●著
- ゼータ関数の値について　金子昌信●著
- ユークリッドの互除法から見えてくる現代代数学　木村俊一●著

（企画続行中）